高等院校通信与信息专业规划教材

通信原理可视化动态仿真教程

（基于 SystemView）

黄葆华　魏以民　袁志钢　编著

机 械 工 业 出 版 社

SystemView 仿真软件具有简单、直观、灵活、功能强大的优点,利用 SystemView 的可视化仿真是一种既经济又易推行的课程实践(验)手段。

本书以通信原理课程理论教学内容为主线,系统介绍了基于 System-View 的通信系统基本组成、基本原理、基本技术的可视化仿真实现和分析方法。

全书共 10 章,内容包括 SystemView 使用入门以及基于 SystemView 的确知信号和随机噪声、信道、模拟调制、数字基带传输、数字调制、模拟信号数字传输、同步系统、信道编码的仿真。

本书在编写过程中力求内容编排与课程理论教学内容一致,仿真思路清晰,仿真步骤具体,易读易懂易操作,便于学生自学。

本书可以用作通信原理课程的课内实验和学生课外开展自主仿真训练的教材,也可用作通信原理理论教材的配套教材或单独使用。

图书在版编目(CIP)数据

通信原理可视化动态仿真教程:基于 SystemView/黄葆华,魏以民,袁志钢编著 . —北京:机械工业出版社,2019.3(2024.8 重印)
高等院校通信与信息专业规划教材
ISBN 978-7-111-62290-1

Ⅰ.①通… Ⅱ.①黄… ②魏… ③袁… Ⅲ.①通信系统—系统仿真—应用软件—高等学校—教材 Ⅳ.①TN914

中国版本图书馆 CIP 数据核字(2019)第 049952 号

机械工业出版社(北京市百万庄大街 22 号 邮政编码 100037)
责任编辑:李馨馨 责任校对:张艳霞
责任印制:刘 媛

涿州市般润文化传播有限公司印刷

2024 年 8 月第 1 版·第 4 次印刷
184mm×260mm·10.75 印张·256 千字
标准书号:ISBN 978-7-111-62290-1
定价:39.80 元

前　言

通信原理是通信工程、信息工程、电子信息工程专业的一门主干课程，它以高等数学、概率论和数理统计、高低频电子线路、信号与系统、数字逻辑电路等课程为基础，是进一步学习各种类型的通信、信息系统和技术课程不可缺少的专业基础课。随着现代通信技术的快速发展和深入，为满足社会对"大专业、宽口径"人才的需求，越来越多的院校开设了通信原理课程。除了通信、电子信息等专业开设通信原理课程外，一些院校的自动化、计算机等专业也纷纷为本科生和硕士研究生开设了此课程。由于"通信原理"课程特点是概念、原理抽象，系统性强，数学分析多，因而仅靠理论教学很难做到对课程教学内容深刻理解和融会贯通。因此，一直以来，实践教学环节是课程建设的一个重点内容，而且新的"通信原理"课程标准在培养学生自主学习能力、加强课程实践教学环节等方面提出了更高的要求。就目前的实验硬件条件和学生的学习基础来看，利用 SystemView 仿真软件的可视化仿真是一种既经济又易推行的课程实践手段，利用 SystemView 具有的简单、直观、灵活、功能强大的优点，教师可以在课堂上很方便地进行可视化的动态演示，学生可以在课内和课外很容易地进行教学内容的验证、拓展，对深化教学内容和学生的创新能力培养都有很好帮助。为此我们编写了本书，以配合通信原理课程的实践教学。

本书在编写过程中融入了作者多年教学实践积累的心得和教学研究成果，力求做到：

(1) 内容体系的编排与经典通信原理课程教学内容一致。

(2) 仿真方法由浅入深、由局部到整体、由特殊到一般。

(3) 按照通信系统组成，既注重部件级仿真，也强调综合的系统级仿真。

(4) 仿真实例体现现代通信技术在系统实现方法上的新发展。

全书共 10 章，分别为 SystemView 入门、确知信号和随机噪声、信道、模拟调制、数字基带传输、数字调制、模拟信号数字传输、同步系统、信道编码和课内实验。

第 1 章为 SystemView 入门，介绍了 SystemView 的安装、功能及使用方法，通过这章的学习，读者可以基本掌握动态仿真系统的构建、运行、保存和调用方法。

第 2 章为确知信号与随机噪声，主要介绍确知信号和随机噪声的仿真分析方法。

第 3 章为信道，主要讨论了恒参信道幅频和相频失真的仿真，以及随参信道多径效应的仿真。

第 4 章为模拟调制，主要介绍模拟调制解调系统和频分复用系统的仿真。

第 5 章为数字基带传输，仿真分析了常用码型及功率谱，仿真实现了带限信道无码间干扰系统，仿真实现了最佳数字基带系统并对其抗噪声性能进行了仿真统计。

第 6 章为数字调制，仿真实现了 2ASK、2FSK、2DPSK、4PSK 调制解调系统，并对这些系统进行了抗噪声性能仿真分析。

第 7 章为模拟信号数字传输，仿真分析了低通、带通取样定理、脉冲编码调制系统

（PCM）、增量调制系统（△M）。

第 8 章为同步系统，主要对 Costas 载波同步、基于早迟门的位同步和基于巴克码的群同步进行了仿真实现和分析。

第 9 章为信道编码，主要介绍了奇偶校验码编译码仿真、（7，4）汉明码编译码仿真。

第 10 章为课内实验，设计了 5 个实验，分别是 SystemView 使用入门、滤波器的作用、数字基带信号的功率谱分析、二进制数字相位调制与解调器和二进制数字相位调制系统误码性能研究。

本书由黄葆华、魏以民和袁志钢编写。黄葆华编写了 1~6 章，魏以民编写了 7~9 章，袁志钢编写了第 10 章，并解决了软件使用中遇到的一些问题。全书由黄葆华统编。在编写过程中也得到了课程组其他同事的帮助和支持，在此一并表示衷心的感谢。本书在编写中参考了许多资料，在此也向这些参考资料的作者表示衷心的感谢。

由于作者水平有限及其他各种原因，书中错误及不妥之处在所难免，敬请同行和广大读者批评指正，以便改进，作者联系方式：黄葆华 13951960567（微信号）。

作者，2018 年 4 月于南京

目　　录

前言
第1章　**SystemView 入门** ································· *1*
  1.1　SystemView 的功能及使用简介 ····················· *1*
    1.1.1　SystemView 简介 ························· *1*
    1.1.2　SystemView 的用户环境 ··················· *1*
    1.1.3　动态仿真环境设置 ······················· *4*
  1.2　动态仿真系统的构建、运行、保存和调用 ··············· *5*
    1.2.1　动态仿真系统的构建 ····················· *5*
    1.2.2　动态仿真系统的运行 ····················· *7*
第2章　**确知信号与随机噪声** ······················· *10*
  2.1　概述 ······························· *10*
  2.2　确知信号的频谱分析 ······················ *10*
    2.2.1　周期信号的频谱分析——傅里叶级数展开 ·········· *10*
    2.2.2　周期信号的频谱分析仿真 ··················· *11*
  2.3　能量信号的频谱分析 ······················ *17*
    2.3.1　能量信号的傅里叶变换 ···················· *17*
    2.3.2　常用能量信号的频谱仿真 ··················· *18*
  2.4　高斯白噪声 ·························· *23*
    2.4.1　高斯白噪声特点 ······················· *23*
    2.4.2　高斯白噪声统计特性仿真 ··················· *24*
    2.4.3　白噪声通过线性系统的仿真 ·················· *28*
第3章　**信道** ····························· *38*
  3.1　概述 ······························· *38*
  3.2　恒参信道 ··························· *38*
    3.2.1　恒参信道对信号传输的影响 ·················· *38*
    3.2.2　恒参信道对信号传输影响的仿真 ················ *40*
  3.3　随参信道 ··························· *42*
    3.3.1　随参信道对信号传输的影响 ·················· *42*
    3.3.2　多径效应仿真 ························ *44*
第4章　**模拟调制** ··························· *49*
  4.1　概述 ······························· *49*
  4.2　振幅调制 ··························· *49*

 4.2.1 振幅调制解调原理 ·· 49

 4.2.2 AM 调制解调系统仿真 ·· 50

 4.2.3 DSB 调制解调系统仿真 ··· 56

4.3 频率调制 ·· 62

 4.3.1 频率调制基本原理 ·· 62

 4.3.2 带宽调频系统仿真 ·· 63

4.4 频分复用 ·· 66

 4.4.1 频分复用原理 ·· 66

 4.4.2 频分复用系统仿真 ·· 66

第5章 数字基带传输 ··· 71

5.1 概述 ·· 71

5.2 数字基带信号的码型 ·· 71

 5.2.1 常用码型 ·· 71

 5.2.2 常用码型及其功率谱仿真 ·· 73

5.3 数字基带传输系统的码间干扰及抗噪声性能 ······················· 77

 5.3.1 带限信道无码间干扰系统传输特性 ································ 78

 5.3.2 带限信道无码间干扰系统仿真 ···································· 79

 5.3.3 最佳数字基带系统抗噪声性能 ···································· 82

 5.3.4 最佳数字基带系统抗噪声性能仿真 ································ 83

第6章 数字调制 ··· 88

6.1 概述 ·· 88

6.2 二进制数字振幅调制（2ASK）······································· 88

 6.2.1 2ASK 调制解调原理 ··· 88

 6.2.2 2ASK 调制解调系统仿真 ··· 89

6.3 二进制数字频率调制（2FSK）······································· 96

 6.3.1 2FSK 调制解调原理 ··· 96

 6.3.2 2FSK 调制解调系统仿真 ··· 97

6.4 多进制数字相位调制仿真 ·· 101

 6.4.1 多进制绝对相移键控（MPSK）···································· 101

 6.4.2 多进制差分相移键控（MDPSK）··································· 102

 6.4.3 相位调制系统仿真 ·· 104

第7章 模拟信号数字传输 ··· 114

7.1 概述 ·· 114

7.2 取样定理仿真 ·· 114

 7.2.1 低通取样定理 ·· 114

 7.2.2 低通取样定理仿真模型 ·· 115

 7.2.3 带通取样定理 ·· 117

 7.2.4 带通取样定理仿真模型 ·· 119

7.3 脉冲编码调制系统仿真 ·· 122

  7.3.1 脉冲编码调制原理 ··· *122*

  7.3.2 脉冲编码调制原理仿真 ··· *123*

 7.4 增量调制系统仿真 ··· *125*

  7.4.1 增量调制原理 ··· *125*

  7.4.2 ΔM 系统仿真模型 ·· *126*

第 8 章 同步系统 ··· *129*

 8.1 概述 ··· *129*

 8.2 载波同步原理 ·· *129*

  8.2.1 Costas 环提取同步载波原理 ······································ *129*

  8.2.2 载波同步仿真 ··· *130*

 8.3 位同步 ··· *134*

  8.3.1 基于早迟门的位同步原理算法 ····································· *134*

  8.3.2 基于早迟门算法的位同步仿真 ····································· *135*

 8.4 群同步 ··· *138*

  8.4.1 巴克码同步法原理 ··· *139*

  8.4.2 基于巴克码识别器的群同步仿真 ··································· *140*

第 9 章 信道编码 ··· *143*

 9.1 概述 ··· *143*

 9.2 奇偶校验码 ··· *143*

  9.2.1 奇偶校验码编译码原理 ·· *143*

  9.2.2 奇偶校验码编译码的仿真 ·· *143*

 9.3 线性分组码 ··· *147*

  9.3.1 (7，4) 汉明码编译码原理 ·· *147*

  9.3.2 (7，4) 汉明码编译码的仿真 ······································ *148*

第 10 章 课内实验 ··· *153*

 实验一 SystemView 使用入门 ·· *153*

 实验二 滤波器的作用 ··· *154*

 实验三 数字基带信号的功率谱分析 ······································· *156*

 实验四 二进制数字相位调制与解调器 ····································· *158*

 实验五 二进制数字相位调制系统误码性能研究 ······························ *161*

第1章　SystemView 入门

1.1　SystemView 的功能及使用简介

1.1.1　SystemView 简介

美国 Elanix 公司推出的动态系统仿真软件 SystemView，是一个优秀的 EDA 软件，能够提供完整的动态系统设计、分析和仿真的可视化开发环境。它可以构造各种复杂的模拟、数字、数模混合及多速率系统，可用于各种线性和非线性系统的设计与仿真。SystemView 是基于 Windows 操作系统的仿真软件，具有非常友好的界面，用户无需编写程序，只要用鼠标点击/拖动图符即可完成复杂系统的构建、仿真和分析。SystemView 的图符资源十分丰富，包括基本库和专业库两大类。基本库中有加法器、乘法器、多种信号源、接收器、各种函数运算器等，专业库可实现通信、数字逻辑、数字信号处理、射频/模拟等相关功能。

1.1.2　SystemView 的用户环境

SystemView 的用户环境包括两个常用的界面：设计窗口和分析窗口。

1. 设计窗口

启动 SystemView 后出现图 1-1 所示的系统设计窗口。它包括菜单栏、工具条、图符库和设计窗工作区等。下面重点介绍设计窗工作区、图符库和工具条。

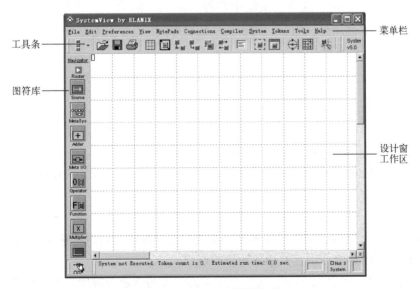

图 1-1　SystemView 的设计窗口

（1）设计窗工作区

图 1-1 中的空白区即为设计窗工作区，各种仿真系统的设计、搭建等基本操作都在设计窗工作区内完成。

（2）图符库

图符是 SystemView 进行仿真、运算和处理的基本单元，共分三大类：第一类是信号源库，它只有输出端没有输入端；第二类是信宿（接收器）库，它只有输入端没有输出端；第三类包括其他所有的图符库，这类图符都有一定数量的输入和输出端。

在设计窗工作区的左端是图符库区，一组是基本库（Main Libraries），共 8 个，包括信源库（Source）、子系统库（Meta System）、加法器（Adder）、子系统输入输出（Meta I/O）、算子库（Operator）、函数库（Function）、乘法器（Multiplier）及信宿库（Sink）。另一组是可选择的专业图符库（Optional Libraries），包括通信库（Communication）、数字信号处理库（DSP）、逻辑电路库（Logic）、射频/模拟库（RF/Analog）等。

：信源图符，通过选择和参数设置可得到各种所需的信源，如周期性矩形脉冲序列、正（余）弦信号、周期性锯齿波信号、随机矩形脉冲序列、随机高斯噪声等。

：加法器图符，可完成若干个输入信号的加法运算。

：算子图符，对输入信号完成某种运算或变换。可以选择的运算有各种滤波、FFT、取样、保持、微分或积分、延迟、放大或缩小及各种逻辑运算等。

：函数图符，对输入数据进行各种函数运算。可以选择的函数有量化、限幅、取绝对值等各种非线性函数、三角函数、对数函数、各种复数运算、代数运算等。

：乘法器图符，完成几个输入信号的乘法运算。

：信宿（接收器）图符，用于数据接收、显示、分析和处理等。

点击工具条左端图标，可将基本图符库切换至专业图符库（Optional Libraries）。

：通信图符，它可实现通信系统中各种常用模块的功能。这些功能包括各种调制、解调、信道编码、信道译码、积分、均衡、伪随机序列产生、压缩、扩张、位同步、数字锁相环、误码率统计、信道模拟等。

：数字信号处理图符，通过它可以实现数字信号处理中常用的各种处理、变换和运算等功能。

：数字逻辑电路图符，包含了各种门电路、触发器、移位寄存器、计数器、数据选择器、数据分配器、单稳态触发器、模-数及数-模转换电路等。

：射频/模拟电路图符，包括了射频/模拟电路中常用的 RC、LC 电路及运算放大器电路和二极管电路等。

（3）工具条

工具条如图 1-2 所示。它包括许多常用功能的图标按钮，当鼠标移动到每个图标上时，系统会自动提示该图标的作用，常用各图标的作用如下：

：切换图符库。点击此图标，可实现基本图符库与专业图符库之间的切换。

：打开已有仿真系统。也可双击已有仿真系统的文件名打开。

图 1-2　工具条

◻：保存仿真系统。保存当前设计窗工作区中设计的仿真系统。

◻：打印仿真系统。将当前设计窗工作区内的图符及连接输出到打印机。

◻：清除设计区。用于清除设计窗工作区中的内容。

◻：清除对象。用于删除设计窗工作区中的某一图符。用鼠标点击该图标再单击需要删除的图符即可。

小技巧：单击清除对象图标后，按住鼠标左键并拖动鼠标把要删除的图符框起来可以删除矩形框内的一组图符。也可以按住鼠标左键并拖动鼠标将要删除的图符框起来，再按键盘上的"Delete"键删除，或将鼠标放置于选中的框内并点击鼠标右键，在随即出现的下拉菜单中选择"Delete"加以删除。

◻：断开图符间的连接。单击此图标后，再分别单击需要拆除连接的两个图符，两个图符间的连接线就会消失。

小技巧：也可将鼠标移至连接线终止处，待出现一个向上断掉的箭头时按住鼠标左键并拖动到连接线的起始端图符，放开左键即可。

◻：连接两图符。单击此图标，再单击需要连接的两图符，带有方向的连接线即出现在两图符间。

小技巧：也可将鼠标移至起始图符的右边，待出现一个向上的箭头时按住鼠标左键并拖动到连线的终止端图符，放开左键即可。

◻：复制图符。单击此图标，再单击需要复制的图符，则出现一个与原图符完全相同的图符。

小技巧：单击此图标，再按住鼠标左键并拖动鼠标，可复制一组被框住的图符及它们间的连接。也可以按住鼠标左键并拖动鼠标将要复制的部分框起来，再在鼠标右键的下拉菜单中选择"Duplicate"，即可完成一组图符的复制。

◻：图符翻转。单击此图标，再单击需要翻转的图符，该图符的连线方向就会翻转180°。主要用于美化设计区图符的分布和连线，以免连线出现过多交叉。

◻：创建便笺。用于在设计窗工作区中创建一个空白便笺框，用户可以输入一些说明性的文字。

◻：创建子系统。用于把所选择的图符组创建成 MetaSystem。单击此按钮后，按住鼠标左键并拖动鼠标可以将选择框内的一组图符创建为子系统，并出现一个子系统图符代替原来的图符组，这样可以使原本复杂的仿真系统变得简明。

◻：显示子系统。用于观察和编辑子系统结构。单击此图标，然后再单击感兴趣的子系统图符，就会出现一个新窗口并在新窗口中显示子系统的内部结构。

◻：停止仿真。用于强行中止正在运行的仿真系统。

▶：运行系统。单击此图标，仿真系统开始运行。

◻：系统定时。单击此图标，弹出系统定时窗口。在此窗口中定义系统仿真的开始和终止时间、取样速率、取样间隔、样点数、频率分辨率和系统的循环次数等参数，系统定时直接控制系统的仿真。

$\boxed{\vcenter{\hbox{⊞}}}$：分析窗口。单击此图标，进入分析窗口。

2. 分析窗口

分析窗口是用户对仿真输出数据进行观察和处理的窗口。分析窗口包含菜单栏、工具条和图形显示区等部分。除此之外，还有一个特别重要的分析工具，即左下角的接收计算器。

(1) 图形显示区中显示各种图形，如波形图、频谱图、眼图等。

(2) 工具条如图1-3所示。它包括许多常用功能的图标按钮，当鼠标移动到每个图标上时，系统会自动提示该图标的作用，各常用图标的作用如下：

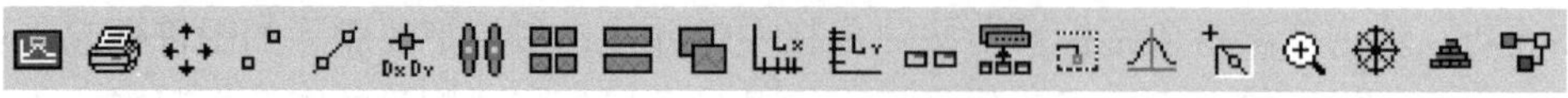

图1-3　分析窗口工具条

$\boxed{\vcenter{\hbox{⊡}}}$：刷新数据。当此图标处于闪烁状态时，单击此图标可更新数据。

$\boxed{\vcenter{\hbox{🖶}}}$：打印输出。单击此图标可将当前显示的图形输出至打印机。

$\boxed{\vcenter{\hbox{✛}}}$：恢复比例尺。单击此图标可将显示窗口的比例尺恢复到SystemView的缺省状态。

$\boxed{\vcenter{\hbox{⣿}}}$：显示点图。窗口中的图形只显示样点值，不显示样点值之间的连线。

$\boxed{\vcenter{\hbox{⟋}}}$：显示点线图。窗口中的图形既有样点值又有样点值间的连线。

$\boxed{\vcenter{\hbox{✛}}}$：显示坐标差。单击此图标，在窗口中出现一个标记符，移动鼠标，在文本框中会显示鼠标位置相对于标记的坐标差。

$\boxed{\vcenter{\hbox{♦}}}$：X轴标记。用于测量X轴两点间的距离，如距离可能是时间或频率。

$\boxed{\vcenter{\hbox{⊞}}}$：垂直显示。将所有打开窗口垂直排列。

$\boxed{\vcenter{\hbox{⊟}}}$：水平显示。将所有打开窗口水平排列。

$\boxed{\vcenter{\hbox{⊡}}}$：层叠显示。将所有打开窗口层叠排列。

$\boxed{\vcenter{\hbox{⩣}}}$：X轴取对数。用于X轴的比例尺在线性和对数间切换。

$\boxed{\vcenter{\hbox{⩥}}}$：Y轴取对数。用于Y轴的比例尺在线性和对数间切换。

$\boxed{\vcenter{\hbox{▱▱}}}$：最小化所有窗口。

$\boxed{\vcenter{\hbox{⊞}}}$：打开所有窗口。

$\boxed{\vcenter{\hbox{⊡}}}$：动画显示。活动窗口的图形按动画方式显示图形。

$\boxed{\vcenter{\hbox{⟁}}}$：统计。统计每个图形窗口的信息，并在一个弹出窗口中显示。

$\boxed{\vcenter{\hbox{⛶}}}$：局部显微。在活动窗口中连续放大显示鼠标划过的曲线或图形。

$\boxed{\vcenter{\hbox{⊕}}}$：放大工具。将鼠标所选的局部图形放大到整个活动窗口中。

$\boxed{\vcenter{\hbox{⊡}}}$：系统窗口切换。单击此图标，可切换到设计窗口。

(3) 接收计算器$\boxed{\vcenter{\hbox{⊡}}}$。它为用户分析、处理数据提供了十分丰富的功能。这些功能将在后面的应用中分别加以介绍。

设计窗口和分析窗口中的菜单，由于功能很多，不再一一介绍，在后面用到时再做详细介绍。

1.1.3　动态仿真环境设置

在系统设计窗口中，单击工具条上的系统定时图标$\boxed{\vcenter{\hbox{⏱}}}$，弹出如图1-4所示的系统定时设置窗口。在此窗口中设置系统仿真的起始和终止时间（Start Time and Stop Time）、取样速率（Sample Rate）、取样间隔（Sample Spacing）、样点数（No. of Samples）、频率分辨率（Freq. Res.）和仿真系统循环运行的次数（No. of System Loops）。系统开始仿真运行之前必须首先设置这些参数，因为系统定时直接控制着系统的仿真，同时系统定时的设定还直接影响着系统仿真的精度，所以选取参数必须十分注意。这些参数中需要用户专门设置的，通常只有取样速率和样点数两个参数。其余参数中，起始时间和循环次数若无特殊需要可选用系统默认值，这两个默认值分别为 0 和 1。还有一些参数由系统根据取样速率和样点数自动设置，如取样间隔＝1/取样速率、终止时间＝（样点数−1）×取样间隔（起始时间为 0 时）、频率分辨率＝取样速率/样点数。

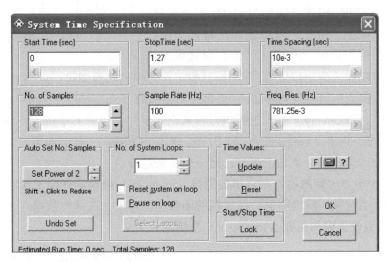

图 1-4　系统定时设置窗口

（1）取样速率的设置

仿真系统运行时，是以设置的取样速率对信号进行取样，使信号离散化，然后按照仿真系统对信号的处理方法计算各个取样点对应的值，最后输出样点值或由各个样点值连接成的曲线。为避免仿真过程中信号的失真以及希望得到平滑的显示波形，通常设置取样速率为仿真系统中信号最高频率成分的 8 倍或 10 倍。例如，若对正弦信号 $s(t)=2\cos200\pi t$ 取样，取样速率可取 8 kHz。

（2）样点数的设置

样点数是指一次仿真运行中取样和处理的样点总数。当取样速率确定时，样点数决定了系统运行的时间长度。样点数可直接输入到文本框中，也可通过按钮"Set Power of 2"将样点数设置为 2 的幂，便于做 FFT 变换。

1.2　动态仿真系统的构建、运行、保存和调用

1.2.1　动态仿真系统的构建

通过以上内容，读者已经了解了 SystemView 的基本情况。下面从一个简单例子开始，

让读者一步一步设计自己的第一个仿真系统，通过它，使读者对 SystemView 有一个感性的认识，并初步掌握其使用方法和步骤。

【实例 1-1】 产生一个幅度为 1 V、频率为 10 Hz 的余弦波，并求余弦波的平方，观察平方运算前后信号的波形及频率成分。

解：（1）由题意构建仿真模型如图 1-5 所示。

（2）在 SystemView 设计窗口中构建仿真系统。

① 进 入 SystemView。通 过 双 击 桌 面 上 的 SystemView 图标或单击程序组中的 SystemView 即可启动 SystemView。

② 定义一个幅度为 1 V、频率为 10 Hz 的余弦波。鼠标移至信源图符上，按住左键将信源图符拖至设计窗工作区的适当位置后松开左键（已经在设计窗工作

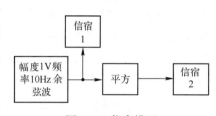

图 1-5 仿真模型

区中的图符也可用此法改变位置）。双击设计窗工作区中的信源图符，弹出如图 1-6 所示的信源库窗口，点击周期信源（Periodic）后再选正弦信源（Sinusoid）。

点击参数（Parameters），进入正弦信号参数设置窗口，如图 1-7 所示。将幅度（Amplitude）设置为 1 V、频率（Frequency）为 10 Hz、相位（Phase）为 0° 即可。（注：此正弦波信号有两个输出可选择，一个是正弦波，另一个是余弦波。）

③ 定义一个平方运算的图符。将函数图符（Function）拖至设计窗工作区内，放置于信源图符的右边适当位置。双击图符，在出现的函数库窗口中，选择代数库（Algebraic）中的"X^a"，并在参数设置窗的指数（Exponent）框中输入 2。

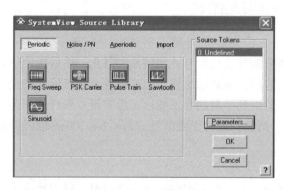

图 1-6 SystemView 信源库窗口

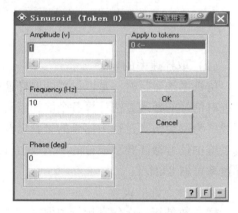

图 1-7 正弦信号参数设置窗口

④ 定义两个接收图符作为信宿 1 和信宿 2。

定义信宿 1：将接收器图符（Sink）拖至设计窗工作区内，放至信源图符的右上方，双击该图符，选择图形（Graphic）中的"SystemView"，即 ⬛，并在"Custom Sink Name"文本框中输入"余弦波形"，点击"OK"按钮完成设置。在随之出现的显示区上按住鼠标左键，将其拖至图符区的下方，单击显示区，其四周出现许多小方块，将鼠标放置到任一小方块，待鼠标箭头变成双箭头时，按住鼠标左键并拖动，可改变显示区的大小。

定义信宿 2：鼠标放置于已设置好的接收器图符上，单击鼠标右键，在弹出的下拉菜单

中选择复制图符（Duplicate Token）命令，将复制得到的接收器图符放置到平方图符的右端（或其他适当的位置），将其对应的显示区放置到接收器 1 显示区的下方，并调整其大小与显示区 1 相同。双击接收器 2 图符，将"Custom Sink Name"文本框改为"余弦波的平方"。

⑤ 连接图符。将鼠标放置于信源图符的右边，待出现一个向上的箭头时按住鼠标左键并拖至平方函数图符后放开，在弹出的窗口中选择余弦输出（1：Cosine），用相同的方法将信源输出连到接收器 1。最后将平方图符的输出连接至接收器 2。

⑥ 在仿真系统中标注说明。单击工具条上的▤按钮，在设计窗工作区中得到一个空白文本框，按调整接收器波形显示区的方法调整文本框的位置、形状和大小。在本仿真系统中插入五个文本框，第一个文本框中输入本例标题"实例 1-1 余弦波的平方"，第二个文本框说明信源参数，第三个文本框用于说明平方图符的功能，第四、第五个文本框说明接收器 1 和接收器 2 的功能，第六个文本框对本仿真实例的用途做详细说明。文本框中文本的字体、颜色也可设置，方法是：将鼠标移至文本框上，按下右键，在弹出的下拉菜单中分别选择"Text color"和"Fonts"加以设置。

本例中可能用到的操作有：

- 复制文本框。按下鼠标左键，拖动鼠标选中要复制的文本框，在其上按下鼠标右键，在弹出的菜单中点击"Duplicate"，鼠标放置其上，按住左键并拖动鼠标即可将复制文本框移动到适当位置。复制得到的文本框保留了原文本框的有关设置。也可利用工具条上的复制按钮来完成文本框的复制。
- 拖动文本框。将鼠标放置于文本框上，按下鼠标左键，待出现四个方向的箭头时，可随意拖动文本框至所需位置。
- 有时为了调整仿真系统在设计窗工作区中的位置，需要移动设计窗工作区中的一组对象。可按住鼠标左键将它们选中，然后将鼠标移至选中框上，按住左键即可拖动所选对象组。
- 在设计窗工作区的任意处按下鼠标右键，选择"Properties"→"System Colors"→"Costom Background Color"设置设计窗工作区的背景颜色，可选择白色。除此之外，对设计窗工作区域还可进行其他一些设置，如是否需要网络等。
- 更改接收器显示区的背景色、曲线颜色、网络线等：将鼠标移至显示区，按下鼠标右键，在弹出的下拉菜单中选择"Background Color""Plot Color""ShowGrid"来完成设置。

1.2.2　动态仿真系统的运行

在启动仿真系统运行之前，应首先设置系统定时，主要有仿真系统的取样速率和样点数。

1. 设置系统定时

单击工具条上的系统定时⏱按钮，在弹出的窗口中分别设置取样速率（Sample Rate）和样点数（No. of Samples）。

① 取样速率：仿真系统中信源输出信号的频率为 10 Hz，平方后信号的频率为 20 Hz，故仿真系统中信号的最高频率为 20 Hz，因此，取样速率可设置为 200 Hz。

② 样点数设置为 200，这样显示区显示 1 s 的信号，即 200 个样点。

2. 运行系统

单击工具条上的运行按钮▶运行系统。这时就会在接收器 1 的图形显示区中显示出余弦信号曲线，在接收器 2 的图形显示区中显示出余弦波平方的曲线。如图 1-8 所示。

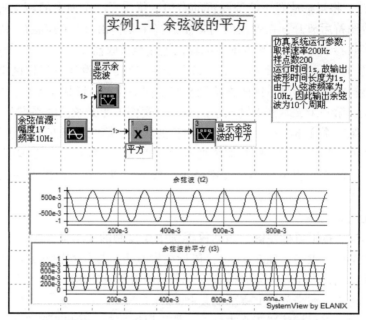

图 1-8　在 SystemView 设计窗口中构建的仿真系统

（1）在分析窗内显示波形。单击工具条上的分析窗图标▦进入分析窗，这时应该看到两个波形，一个是 10 Hz 的余弦波，另一个是余弦波的平方，与设计窗中显示的波形相同。

（2）对两个波形进行频谱分析。单击分析窗左下角的接收计算器图标√，在弹出的接收计算器窗口中，选择"Spectrum"和"｜FFT｜"分析按钮，再选择"W0：余弦波"，单击"OK"按钮即可得到余弦波的幅度谱，双击标题和坐标名称的文本处，可对它们进行修改，如可将标题修改为"余弦波的幅度谱"，将横坐标修改为"频率/Hz（分辨率 1 Hz）"，将纵坐标修改为"幅度/V"，如图 1-9 所示。从图 1-9 可见，10 Hz 余弦波只有一个 10 Hz 的频率成分，幅度为 0.5 V×2=1 V。在此需要说明两点：①图中显示的三角形状只是相邻幅度值间的连线，单击工具条上的显示点图图标▪，即可去掉连线；②显示出来的仅是余弦信号双边谱中的正频率部分。

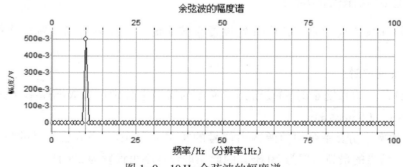

图 1-9　10 Hz 余弦波的幅度谱

再次单击 $\sqrt{a}$ ，按相同的方法得到余弦波平方信号的幅度谱，如图 1-10 所示。从图 1-10 可见，幅度为 1 V、频率为 10 Hz 的余弦波，其平方后信号中含有两个频率成分，分别是幅度为 0.5 V 的直流信号和幅度为 0.25 V×2 = 0.5 V、频率为 20 Hz 的余弦波信号。显然，此仿真结果与理论结果一致。

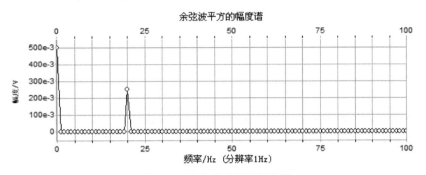

图 1-10　余弦波平方的幅度谱

单击工具条上的图标 ，分析窗口中显示的图形如图 1-11 所示。

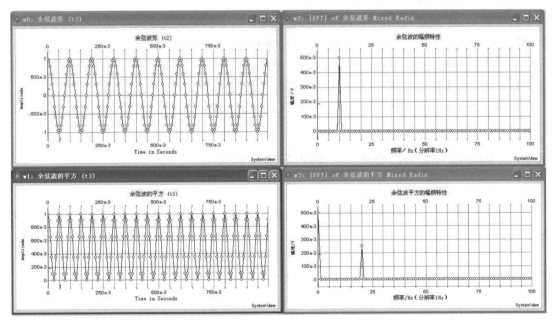

图 1-11　余弦波及余弦波平方的波形图及幅度谱

第2章 确知信号与随机噪声

2.1 概述

通信的本质是信号通过系统。信号又有确知信号和随机信号（噪声）。本章着重讨论信号通过系统的问题。

2.2 确知信号的频谱分析

确知信号可分为周期信号和非周期信号。

若信号 $x(t) = x(t+T_0)$ 对于任何 t 值成立，其中 T_0 为满足此关系式的最小值，则称 $x(t)$ 为周期信号，T_0 为周期。反之，不满足此条件的信号称为非周期信号。

确知信号频谱分析主要有两种方法，第一种方法是傅里叶级数展开，用于周期信号的频谱分析；第二种方法是傅里叶变换，用于非周期信号的频谱分析。

通过频谱分析，可以知道信号所包含的频率成分、各频率成分幅度和相位大小以及主要频率成分占据的频带宽度及位置等信息。

2.2.1 周期信号的频谱分析——傅里叶级数展开

（1）傅里叶级数展开表达式

周期为 T_0 的周期信号 $x(t)$，若满足狄里赫利条件（一般实际信号均满足），则 $x(t)$ 可展开成如下的指数型傅里叶级数：

$$x(t) = \sum_{n=-\infty}^{\infty} V_n e^{j2\pi nf_0 t} \tag{2-1}$$

其中，傅里叶级数的系数为

$$V_n = \frac{1}{T_0} \int_{-\frac{T_0}{2}}^{\frac{T_0}{2}} x(t) e^{-j2\pi nf_0 t} dt \tag{2-2}$$

式中，$f_0 = 1/T_0$ 称为信号的基频，基频的 n 倍（n 为整数，$-\infty < n < +\infty$）称为 n 次谐波频率。当 $n=0$ 时，有：

$$V_0 = \frac{1}{T_0} \int_{-\frac{T_0}{2}}^{\frac{T_0}{2}} x(t) dt \tag{2-3}$$

它表示信号的时间平均值，即直流分量。

当 $x(t)$ 为实偶信号时，V_n 为实偶函数。V_n 反映了周期信号中各次谐波的幅度值和相位值，$V_n \sim f$ 称为周期信号的频谱，$|V_n| \sim f$ 称为幅度谱。

例如，设有周期矩形脉冲序列如图 2-1 所示，其脉冲宽度为 τ，高度为 A，周期为 T_0。按式（2-2）可求得其傅里叶级数系数为

$$V_n = \frac{1}{T_0}\int_{-T_0/2}^{T_0/2} x(t)\,\mathrm{e}^{-\mathrm{j}2\pi nf_0t}\mathrm{d}t = \frac{1}{T_0}\int_{-\tau/2}^{\tau/2} A\mathrm{e}^{-\mathrm{j}2\pi nf_0t}\mathrm{d}t$$

$$= \frac{A\tau}{T_0}\left(\frac{\sin n\pi f_0\tau}{n\pi f_0\tau}\right) = \frac{A\tau}{T_0}\mathrm{Sa}(n\pi f_0\tau) \tag{2-4}$$

其中，$f_0 = 1/T_0$。

将系数 V_n 代入式（2-1）得周期矩形脉冲信号的傅里叶级数为

$$x(t) = \sum_{n=-\infty}^{\infty} V_n\mathrm{e}^{\mathrm{j}2\pi nf_0t} = \frac{A\tau}{T_0}\sum_{n=-\infty}^{+\infty}\mathrm{Sa}(n\pi f_0\tau)\mathrm{e}^{\mathrm{j}2\pi nf_0t}$$

$$= \frac{A\tau}{T_0} + \frac{2A\tau}{T_0}\sum_{n=1}^{+\infty}\mathrm{Sa}(n\pi f_0\tau)\cos(n\pi f_0\tau) \tag{2-5}$$

当 $n = 0, \pm1, \pm2, \pm3, \cdots$，且设 $\tau = T_0/4$，各系数分别为

$$V_0 = \frac{A}{4}, V_{\pm1} = \frac{A}{4}\mathrm{Sa}\left(\frac{\pi}{4}\right), V_{\pm2} = \frac{A}{4}\mathrm{Sa}\left(\frac{2\pi}{4}\right), V_{\pm3} = \frac{A}{4}\mathrm{Sa}\left(\frac{3\pi}{4}\right),$$

$$V_{\pm4} = \frac{A}{4}\mathrm{Sa}\left(\frac{4\pi}{4}\right), V_{\pm5} = \frac{A}{4}\mathrm{Sa}\left(\frac{5\pi}{4}\right), V_{\pm6} = \frac{A}{4}\mathrm{Sa}\left(\frac{6\pi}{4}\right), \cdots \tag{2-6}$$

故 V_n 与 f 的关系曲线如图 2-2 所示。

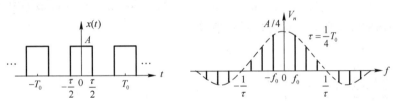

图 2-1 周期矩形脉冲序列　　　图 2-2 周期矩形脉冲序列频谱

可见，周期矩形脉冲序列的频谱是离散谱，其包络是 $\mathrm{Sa}(x)$ 形状，有等间隔的零点，第一个零点在 $f = 1/\tau$ 处。两个零点之间的离散谱线的数目由脉冲宽度 τ 和周期 T_0 之间的比值决定，当 $\tau = T_0/N$ 时，谱线数目为 $N-1$。

2.2.2　周期信号的频谱分析仿真

【实例 2-1】 仿真分析周期矩形脉冲序列的幅度谱。设周期 $T_0 = 1\,\mathrm{s}$，脉冲幅度 $A = 1\,\mathrm{V}$，脉冲宽度 $\tau = 0.25\,\mathrm{s}$。

解： 由给定条件可见，$\tau = T_0/4$，且 $A = 1\,\mathrm{V}$，代入式（2-5）得各傅里叶级数系数为

$$V_0 = \frac{A}{4} = 0.25, V_{\pm1} = \frac{A}{4}\mathrm{Sa}\left(\frac{\pi}{4}\right) = 0.2251, V_{\pm2} = \frac{A}{4}\mathrm{Sa}\left(\frac{2\pi}{4}\right) = 0.1592, V_{\pm3} = \frac{A}{4}\mathrm{Sa}\left(\frac{3\pi}{4}\right) = 0.0750,$$

$$V_{\pm4} = \frac{A}{4}\mathrm{Sa}\left(\frac{4\pi}{4}\right) = 0, V_{\pm5} = \frac{A}{4}\mathrm{Sa}\left(\frac{5\pi}{4}\right) = -0.0450, V_{\pm6} = \frac{A}{4}\mathrm{Sa}\left(\frac{6\pi}{4}\right) = -0.0531, \cdots$$

下面通过 SystemView 仿真来求此周期矩形脉冲序列信号的傅里叶级数系数。

（1）构建仿真模型。打开 SystemView 设计窗口，将基本图符库中的 source（信源）图符拖至设计窗工作区内，双击此信源图符，依次点击 Period（周期）、Pulse Train 和

Parameters（参数）进入周期矩形脉冲序列的参数设置窗口，在 Amplitude（幅度）框中填入 1，在 Frequency（频率）框中填入 1（周期 $T_0 = 1$ s，其频率 $f_0 = 1/T_0 = 1$ Hz），在 Pulse Width（脉冲宽度）框中填入 0.25，点击 OK 按钮退出即可。将基本图符库中的 Sink（信宿）拖至设计窗工作区内，放置于信源的右侧合适位置，双击此图符，进入信宿定义菜单，再依次点击 Graphic 和 SystemView，点击 OK 按钮，将随即出现的波形显示区拖至仿真模型的下方，并调整其大小。至此完成了仿真模型的构建，如图 2-3 所示。

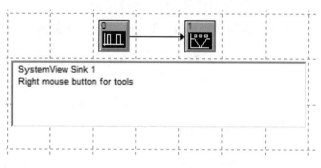

图 2-3　仿真模型

（2）设置系统定时，运行系统。点击图标⚙，样点数设置为 500，取样速率设置为 100 Hz。单击运行按钮，周期矩形脉冲的波形图如图 2-4 所示（鼠标放置于波形显示区，单击鼠标右键，在下拉菜单中，通过 Background Color、Plot Color 和 Show Grid 选项设置波形显示区的背景颜色、波形曲线颜色以及是否显示网络线）。

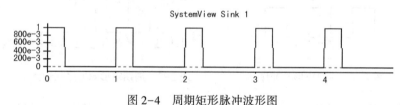

图 2-4　周期矩形脉冲波形图

（3）通过分析窗中的计算器√a求周期矩形脉冲序列的幅度谱。点击工具条上的图标▦进入分析窗，点击计算器图标√a进入 Sink Calculator（信宿计算器）菜单，依次选择 Spectrum→|FFT|→w0:Sink1→OK，得到信宿 1 接收到的周期矩形脉冲序列的幅度谱，如图 2-5 所示（只显示正频率部分的幅度谱，负频率部分与此对称）。

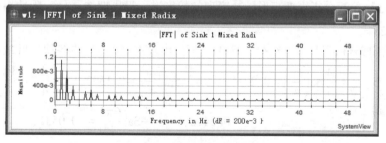

图 2-5　周期矩形脉冲序列幅度谱

点击左上角的图标⚹，使各个幅度谱的值用○显示出来，如图 2-6 所示。

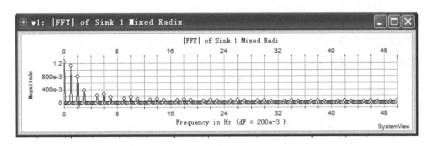

图 2-6　显示各个幅度谱的值

由图 2-5 及 2-6 可见，幅度谱包络第一个零点在 4 Hz 处，两个零点之间的离散谱线有 3 条，变化规律与理论分析一致。

（4）考察各幅度谱线的幅度值。将鼠标放置于幅度谱窗内，鼠标显示为一个十字，移动鼠标至直流谱线的顶端○处，当出现一个方框时，在上方的工具条的显示区中会看到 "x=0.0　y=1.25"，即显示出谱线幅度为 1.25，此值与理论分析得到的直流谱幅度 $V_0 = 0.25$ 显然不同。这主要是因为 SystemView 求频谱时所用的 FFT（快速离散傅里叶变换）算法引起的，那么 SystemView 显示的谱线幅度值与信号实际谱线幅度值之间是什么关系呢？即如何从 SystemView 的仿值幅度谱得到实示信号的幅度谱呢？这与仿真时设置的取样速率和样点数有关。定义 FFT 变换的频率分辨率为

$$dF = 取样速率/样点数 \tag{2-7}$$

则有：

$$实际幅度值 = 仿真幅度值 \times 分辨率 \tag{2-8}$$

读者可以自己验证，仿真幅度分别为 1.25，1.12558，0.7963，0.37569，0，0.226，…，将这些值分别乘以分辨率 dF = 100/500 = 0.2（幅度谱线窗口的下端即有显示）得到信号各谱线的实际幅度值分别为 0.25，0.2251，0.1593，0.0751，0，0.0452，…。

点击分析窗工具条上的📑回到设计窗，按自己的设想改变分辨率（改变取样速率或样点数），重新运行系统，再次进入分析窗，点击分析窗工具条左上角的图标🖼更新数据，得到新仿真的幅度谱，读取各谱线的幅度值，再根据分辨率计算实际谱线的幅度值，判断结果是否与理论分析所得结果一致。

FFT 是一种离散傅里叶变换算法，用来求离散频率成分对应的幅度值，而这些离散频率则由取样速率和样点数决定。在 SystemView 中，只显示正频率部分 $0 \sim f_s/2$（f_s 为取样速率）的谱线，谱线频率间隔为 dF。例如上例中，取样速率 100 Hz，样点数 500 时，频率分辨率为 0.2，故 SystemView 只计算和显示 $0 \sim 50$ Hz 范围内间隔为 0.2 Hz 的频率成分的幅度值。所以，为了能准确地得到幅度谱线，应适当选取分辨率，使信号含有的频率成分或所需的频率值都在分辨率的整数倍上。

由式（2-5）可见，一个周期矩形脉冲信号可分解成直流信号和无穷多个余弦波信号，反过来，上述直流信号和余弦波信号叠加在一起就是一个周期矩形脉冲序列。下面这个仿真实例就是用来说明这一点的。

【实例 2-2】用直流信号和余弦波信号合成出周期 $T_0 = 1(s)$、脉冲宽度 $\tau = T_0/2 = 0.5(s)$、脉冲幅度 $A = 1(V)$ 的周期矩形脉冲序列信号。

解：由题意 $T_0 = 1(s)$，则 $f_0 = 1$Hz，连同 $\tau = T_0/2 = 0.5$ s 及 $A = 1$ V 代入傅里叶级数展开

式（2-5）中的直流和各余弦幅度表达式，得直流及各余弦波的幅度和频率分别为（当 $n = 2, 4, 6, \cdots$ 时幅度均为 0）：

直流：幅度 $A_0 = A\tau / T_0 = 0.5$

当 $n = 1$ 时，幅度 $A_1 = \dfrac{2A\tau}{T_0} \mathrm{Sa}(\pi f_0 \tau) = \dfrac{2}{\pi} = 0.6366 \, \mathrm{V}$，频率 $f_1 = 1 \, \mathrm{Hz}$

当 $n = 3$ 时，幅度 $A_3 = \dfrac{2A\tau}{T_0} \mathrm{Sa}(3\pi f_0 \tau) = -\dfrac{2}{3\pi} = -0.2122 \, \mathrm{V}$，频率 $f_3 = 3 \, \mathrm{Hz}$

当 $n = 5$ 时，幅度 $A_5 = \dfrac{2A\tau}{T_0} \mathrm{Sa}(5\pi f_0 \tau) = \dfrac{2}{5\pi} = 0.127324 \, \mathrm{V}$，频率 $f_5 = 5 \, \mathrm{Hz}$

当 $n = 7$ 时，幅度 $A_7 = \dfrac{2A\tau}{T_0} \mathrm{Sa}(7\pi f_0 \tau) = -\dfrac{2}{7\pi} = -0.09094568 \, \mathrm{V}$，频率 $f_7 = 7 \, \mathrm{Hz}$

当 $n = 9$ 时，幅度 $A_9 = \dfrac{2A\tau}{T_0} \mathrm{Sa}(9\pi f_0 \tau) = \dfrac{2}{9\pi} = 0.0707355 \, \mathrm{V}$，频率 $f_9 = 9 \, \mathrm{Hz}$

当 $n = 11$ 时，幅度 $A_{11} = \dfrac{2A\tau}{T_0} \mathrm{Sa}(11\pi f_0 \tau) = -\dfrac{2}{11\pi} = -0.057874 \, \mathrm{V}$，频率 $f_{11} = 11 \, \mathrm{Hz}$

当 $n = 13$ 时，$A_{13} = \dfrac{2A\tau}{T_0} \mathrm{Sa}(13\pi f_0 \tau) = \dfrac{2}{13\pi} = 0.0490 \, \mathrm{V}$，频率 $f_{11} = 13 \, \mathrm{Hz}$

当 $n = 15$ 时，$A_{15} = \dfrac{2A\tau}{T_0} \mathrm{Sa}(15\pi f_0 \tau) = -\dfrac{2}{15\pi} = -0.0424 \, \mathrm{V}$，频率 $f_{11} = 15 \, \mathrm{Hz}$

当 $n = 17$ 时，$A_{17} = \dfrac{2A\tau}{T_0} \mathrm{Sa}(17\pi f_0 \tau) = \dfrac{2}{17\pi} = 0.0374 \, \mathrm{V}$，频率 $f_{17} = 17 \, \mathrm{Hz}$

……

当 $n = 2, 4, 6, \cdots$，即偶数时，余弦波的幅度为 0。

（1）根据以上分析，构建仿真系统如图 2-7 所示。

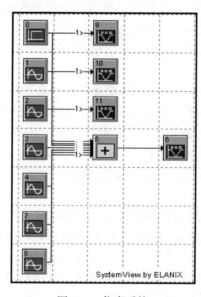

图 2-7　仿真系统

图符 0 是直流信源，图符 1、2、3、4、7、8 都产生余弦信号。图符 5 是相加器，完成直流和各余弦波的相加。图符 6 显示合成波形，图符 9、10、11 分别显示直流、图符 1、图符 2 的余弦波。用鼠标双击其中的任何一个图符，再单击"参数"按钮，就可进行参数设置。各图符的参数见表 2-1。

表 2-1　图符作用及参数设置

图符编号	所属图符库	作用	参数设置
0	信源	产生直流成分	Source：　Step Fct Amp = 500e-3 V Start = 0 sec Offset = 0 V
1	信源	产生基波成分	Source：　Sinusoid Amp = 636.6e-3 V Freq = 1 Hz Phase = 0 deg
2	信源	产生 3 次谐波成分	Source：　Sinusoid Amp = 212.2e-3 V Freq = 3 Hz Phase = 180 deg
3	信源	产生 5 次谐波成分	Source：　Sinusoid Amp = 127.324e-3 V Freq = 5 Hz Phase = 0 deg
4	信源	产生 7 次谐波成分	Source：　Sinusoid Amp = 90.9457e-3 V Freq = 7 Hz Phase = 180 deg
7	信源	产生 9 次谐波成分	Source：　Sinusoid Amp = 70.7355e-3 V Freq = 9 Hz Phase = 0 deg
8	信源	产生 11 次谐波成分	Source：　Sinusoid Amp = 57.874e-3 V Freq = 11 Hz Phase = 180 deg
5	相加器	将直流和各次谐波成分相加	无
6	信宿	显示合成信号波形	无
9	信宿	显示直流成分波形	无
10	信宿	显示基波成分波形	无
11	信宿	显示 3 次谐波成分波形	无

（2）设置系统定时，运行系统。

先去掉图符 3、4、7、8 与图符 5 之间的连接，即这几个图符产生的余弦波先不参加合成。去掉连接的方法是：将鼠标放置到图符 5 的左侧，当出现一个向上的断掉的箭头时，按下鼠标左键，拖动鼠标到图符 3，放开鼠标，图符 3 与图符 5 之间的连接关系就删除了。用同样的方法删除图符 4、7、8 与图符 5 之间的连接线。

设置系统的运行时间，将样点数设为 8000，取样速率设为 1000 Hz。运行系统，合成波形如图 2-8 所示。

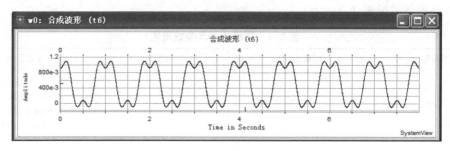

图 2-8　合成波形（1）

将图符 3 产生的余弦波加入到合成波形，观察合成波形的变化。加入方法是：将鼠标放置到图符 3 的右侧，当出现一个向上的箭头时，按下鼠标左键，拖动至图符 5，松开鼠标左键，选择余弦。运行系统，合成波形如图 2-9 所示。

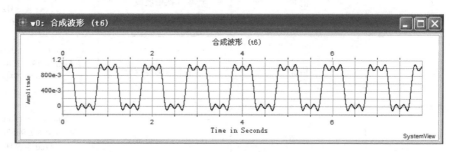

图 2-9　合成波形（2）

用同样的方法，逐个加入图符 4、图符 7、图符 8 产生的余弦波，观察合成波形，合成波形越来越趋近于周期矩形脉冲。图符 8 加入后的合成波形如图 2-10 所示。

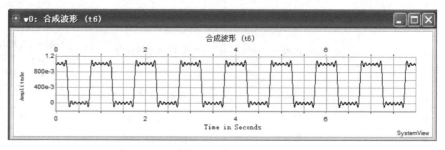

图 2-10　合成波形（3）

（3）思考：若设置取样速率为 100，样点数为 8000，仿真幅度谱如何？运行系统，并按上例所示方法求得 SystemView 仿真幅度谱，结果与你猜想是否一致？记录仿真幅度谱。

（4）若想使合成波比图 2-10 更接近周期矩形脉冲序列信号，该如何做？用仿真验证你的设想。

2.3 能量信号的频谱分析

实信号 $x(t)$ 的能量（消耗在 $1\,\Omega$ 电阻上）E 定义为

$$E = \int_{-\infty}^{\infty} x^2(t)\,\mathrm{d}t$$

其平均功率 S 为

$$S = \lim_{T \to \infty} \frac{1}{T} \int_{-T/2}^{T/2} x^2(t)\,\mathrm{d}t$$

若信号的能量有限（即 $0<E<\infty$），则称该信号为能量信号；若信号的平均功率有限（$0<S<\infty$），则称该信号为功率信号。

持续时间有限的信号通常是能量信号，如矩形脉冲；而持续时间无限的信号通常是功率信号，如余弦波或正弦波。

能量信号的频谱分析采用傅里叶变换。

2.3.1 能量信号的傅里叶变换

设 $x(t)$ 为能量信号，则其傅里叶变换为

$$X(f) = \int_{-\infty}^{\infty} x(t)\,\mathrm{e}^{-\mathrm{j}2\pi ft}\mathrm{d}t \tag{2-9}$$

称 $X(f)$ 为 $x(t)$ 的频谱，$|X(f)|\sim f$ 称为振幅谱。

$X(f)$ 与 $x(t)$ 之间一一对应，即由信号的频谱 $X(f)$ 也可求得其时间函数为

$$x(t) = \int_{-\infty}^{\infty} X(f)\,\mathrm{e}^{\mathrm{j}2\pi ft}\mathrm{d}f \tag{2-10}$$

此变换称为傅里叶反变换。

$x(t)$ 与 $X(f)$ 称为傅里叶变换对，记为 $X(f) \leftrightarrow x(t)$，表 2-2 给出若干最有用的傅里叶变换对。

表 2-2　常用信号的傅里叶变换对

编　号	时域 $x(t)$	频域 $X(f)$
1	$D_\tau(t) = \begin{cases} A & \|t\| \leqslant \dfrac{\tau}{2} \\ 0 & \|t\| > \dfrac{\tau}{2} \end{cases}$ （幅度为 A、宽度为 τ 的门函数）	$A\tau\mathrm{Sa}(\pi f\tau)$
2	$\delta(t)$（冲激函数）	1
3	1（直流）	$\delta(f)$
4	$x(t) = \begin{cases} \dfrac{A}{2}\left(1+\cos\dfrac{2\pi}{\tau}t\right) & \|t\| \leqslant \dfrac{\tau}{2} \\ 0 & \|t\| > \dfrac{\tau}{2} \end{cases}$（升余弦脉冲）	$\dfrac{A\tau}{2}\mathrm{Sa}(\pi f\tau)\dfrac{1}{(1-f^2\tau^2)}$
5	$\cos 2\pi f_0 t$	$\dfrac{1}{2}[\delta(f+f_0)+\delta(f-f_0)]$

编　号	时域 $x(t)$	频域 $X(f)$
6	$x(t)=\begin{cases}A\cos\left(\dfrac{\pi t}{\tau}\right) & \|t\|<\dfrac{\tau}{2}\\[2mm] 0 & \|t\|>\dfrac{\tau}{2}\end{cases}$（半余弦脉冲）	$\dfrac{2A\tau}{\pi}\cdot\dfrac{\cos(\pi f\tau)}{(1-4f^2\tau^2)}$
7	$x(t)=\begin{cases}A & 0<\|t\|<(1-\alpha)\dfrac{\tau}{4}\\[2mm] \dfrac{A}{2}\left[1+\dfrac{4}{\alpha\tau}\left(\dfrac{\tau}{4}-\|t\|\right)\right] & (1-\alpha)\dfrac{\tau}{4}\leqslant\|t\|\leqslant(1+\alpha)\dfrac{\tau}{4}\\[2mm] 0 & 其他\end{cases}$ （梯形脉冲，当 $\alpha=1$ 时就是三角脉冲）	$\dfrac{A\tau}{2}Sa\left(\dfrac{\pi f\tau}{2}\right)Sa\left(\dfrac{\alpha\pi f\tau}{2}\right)$
8	$x(t)=\begin{cases}A\left(1-\dfrac{2}{\tau}\|t\|\right) & \|t\|\leqslant\dfrac{\tau}{2}\\[2mm] 0 & \|t\|>\dfrac{\tau}{2}\end{cases}$（三角脉冲）	$\dfrac{A\tau}{2}Sa^2\left(\dfrac{\pi f\tau}{2}\right)$

2.3.2　常用能量信号的频谱仿真

【实例 2-3】仿真矩形脉冲信号（门函数）的频谱。设矩形脉冲幅度为 A=1 V，宽度 $\tau=0.01\,s$。

解: 首先利用 SystemView 信源库的信源产生一个幅度 A=1 V、宽度等于 0.01 s 的矩形脉冲。由于信源库中没有直接产生矩形脉冲的信源，故需利用多种信源组合来产生所需的矩形脉冲信源。一种方法是利用阶跃信号、延迟器、反相器及相加来实现，仿真模型如图 2-11 所示。

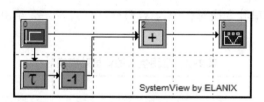

图 2-11　仿真模型

图符 0 产生幅度为 1 V 的阶跃信号，经图符 5 延迟 0.01 s 后再乘以 -1，然后图符 0 输出与图符 6 输出相加，相加器输出宽度为 0.01 s、幅度为 1 V 的矩形脉冲信号。具体参数设置见表 2-3。

表 2-3　各图符作用及参数设置

图符编号	所属图符库	作用	参数设置
0	信源	产生幅度为 1 V，起始时刻为 0 s 的阶跃信号	Source：　Step Fct Amp = 1 V Start = 0 sec Offset = 0 V

图符编号	所属图符库	作用	参数设置
5	算子	对其输入信号进行延迟	Operator： Delay Non-Interpolating Delay = 10e-3 sec Output 0 = Delay t6
6	算子	对其输入信号乘以-1	无
2	相加器	对其输入信号相加	无
3	信宿	接收相加器输出信号，即为矩形脉冲	无

（1）设置系统定时。由于矩形脉冲频谱第一个零点的频率为 $B=\dfrac{1}{\tau}=100\,\text{Hz}$，故取样速率设为 $f_s=1000\,\text{Hz}$，样点数设为 $N=200$。运行系统得到如图 2-12 所示矩形脉冲，其幅度为 1 V，宽度为 0.01 s。

（2）求矩形脉冲信号的频谱。进入分析窗，依次点击 $\sqrt{n}$→Spectrum→｜FFT｜→w0:Sink3 →OK，得到如图 2-13 所示幅度谱。

幅度谱的第一个零点是脉冲宽度的倒数，本例中为 100 Hz。幅度谱有等间隔的零点，间隔为 100 Hz。

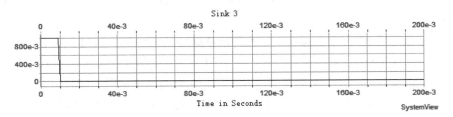

图 2-12　矩形脉冲

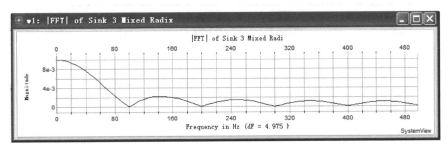

图 2-13　矩形脉冲幅度谱

（3）单击分析窗工具栏上的图标 返回设计窗，双击图符 5，将 Delay（延迟时间）设置为 0.02 s，使输出矩形脉冲宽度变成 0.2 s。重新运行系统，再进入分析窗。单击左上角正在闪烁的更新数据图标，得到宽度为 0.02 s 的矩形脉冲及其幅度谱，如图 2-14 所示。

从图 2-14 可见，幅度谱的第一个零点为 50 Hz（等于脉冲宽度的倒数），幅度谱有等间隔的零点，两个零点之间的间隔为 50 Hz。

通过改变图符 5 的延迟时间可得到不同宽度的矩形脉冲。按照上述方法，可观察不同宽度矩形脉冲的幅度谱。

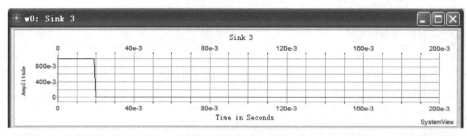

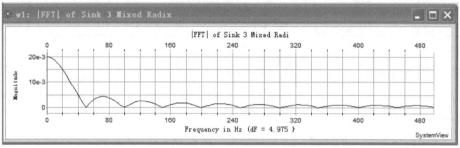

图 2-14　宽度为 0.02 s 的矩形脉冲及其幅度谱

【实例 2-4】 仿真升余弦脉冲的频谱。设升余弦脉冲的幅度 $A = 1$ V，宽度 $\tau = 0.01$ s。

解： 由于 SystemView 信源库中没有现成的升余弦脉冲产生器，故需要利用现有信源来构建升余弦脉冲产生器。

一种产生幅度为 1 V，宽度为 0.01 s 的升余弦脉冲的方法是：利用一个余弦信号源产生周期为 0.01 s、幅度为 0.5 V 的余弦信号，然后用一个宽度为 0.01 s 的矩形脉冲与之相乘来截取一个周期的余弦波，这一个周期的余弦波反相后再与一个相同宽度时间上完全对齐的幅度为 0.5 V 的矩形脉冲相加，将一个周期的反相余弦波上升 0.5 V 即可得到幅度为 1 V 的升余弦脉冲。如此构建的产生升余弦脉冲的仿真模型如图 2-15 所示。

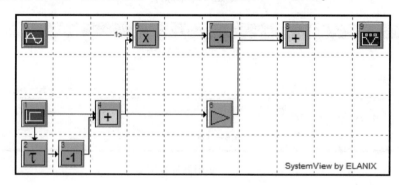

图 2-15　产生升余弦脉冲的仿真模型

其中，图符 1、2、3、4 产生一个宽度为 0.01 s、幅度为 1 V 的矩形脉冲，图符 0 产生周期为 0.01 s、幅度为 0.5 V 的余弦信号（输出时选用余弦）。图符 5 将余弦信号与矩形脉冲相乘获得一个周期的余弦波。图符 7 对其输入信号乘以 -1，使余弦脉冲信号反相。图符 6 将幅度为 1 V 的矩形脉冲变成幅度为 0.5 V 的矩形脉冲，经图符 8 与反相后的余弦脉冲相加，最终输出幅度为 1 V 的升余弦脉冲。

各图符的设置参数见表 2-4。

表 2-4 各图符作用及参数设置

图符编号	所属图符库	作 用	参 数 设 置
0	信源	产生余弦信号	Amp = 500e−3 V Freq = 100 Hz Phase = 0 deg
1	信源	产生阶跃信号	Amp = 1 V Start = 0 sec Offset = 0 V
2	算子	对信号进行延迟	Non−Interpolating Delay = 0.01 sec
3	算子	使信号反相（乘以−1）	无
4	加法器	将两个输入信号相加	无
5	乘法器	将两个输入信号相乘	无
6	算子	改变输入信号幅度	Gain = 500e−3 Gain Units = Linear
7	算子	乘以−1 使信号反相	无
8	加法器	相加	无
9	信宿	显示接收的升余弦脉冲	无

（1）设置取样速率为 2000 Hz，样点数为 100，点击图标 ▶ 运行系统，得到如图 2-16 所示的升余弦波形，其幅度为 1 V，脉冲宽度为 0.01 s。

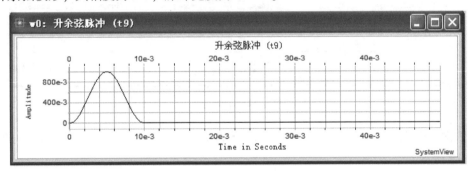

图 2-16　升余弦波形

（2）进入分析窗，求其幅度谱。依次点击 ▦ → √α → Spectrum → |FFT| → w0：升余弦脉冲 → OK，得到升余弦脉冲的幅度谱，如图 2-17 所示。

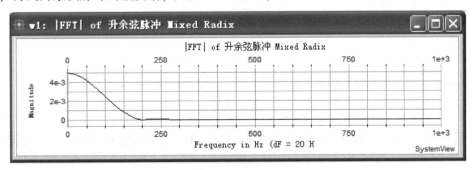

图 2-17　升余弦脉冲幅度谱

由图 2-17 可见，幅度谱第一个零点在 200 Hz 处，即为 $\dfrac{2}{\tau}$（脉冲宽度倒数的 2 倍）。与图 2-13 比较，若以第一个零点作为信号的带宽，那么相同宽度的脉冲，升余弦脉冲信号的带宽是矩形脉冲信号带宽的 2 倍，但升余弦脉冲的幅度谱有更快的衰减速度。

【实例 2-5】 以矩形脉冲信号为例，用 SystemView 仿真验证能量信号的帕塞瓦尔定理。

解： 由 2.3 节开头定义可知，能量信号 $x(t)$ 消耗在 $1\,\Omega$ 电阻上的能量定义为

$$E = \int_{-\infty}^{\infty} x^2(t)\,\mathrm{d}t$$

有了频谱概念以后，不难证明，若 $F[x(t)] = X(f)$，则有如下关系式

$$E = \int_{-\infty}^{\infty} x^2(t)\,\mathrm{d}t = \int_{-\infty}^{\infty} |X(f)|^2 \,\mathrm{d}f \tag{2-11}$$

式 2-11 称为能量信号的帕塞瓦尔定理。此定理表明，一个信号的能量可以用时间函数来求得，也可以用信号的频谱函数来求得。

仍用图 2-11 所示的仿真模型，进入分析窗。

（1）用时域信号求能量，即首先对时域信号进行平方，再对平方后的信号进行积分。用 SystemView 求能量的方法是依次点击 $\sqrt{\alpha}$ →Algebraic→Square→w0：Sink3→OK，得到如图 2-18 所示的平方波形。

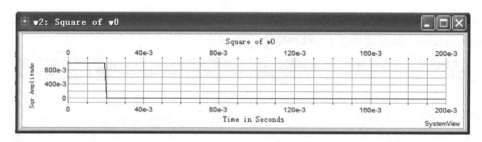

图 2-18　平方波形

再依次点击 $\sqrt{\alpha}$ →Operator→Integrate→w2：Square of w0→OK，得到积分后信号的波形，如图 2-19 所示。

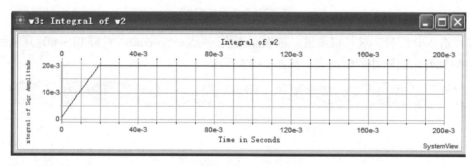

图 2-19　积分后信号的波形

由图 2-19 可见，对宽度为 0.02、幅度为 1 的脉冲积分后的值为 0.02，显然与理论计算值一致。

（2）用频域信号（频谱）求能量。根据式 2-11，首先对幅度谱求平方，再对平方后的

幅度谱求积分即可求得能量。依次点击 $\sqrt{\alpha}$ →Algebraic→Square→w1：|FFT|of Sink3→OK，得到如图 2-20 所示的平方幅度谱。

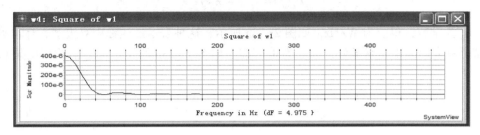

图 2-20　平方幅度谱

再依次点击 $\sqrt{\alpha}$ →Operator→Integrate→w4：Square of w1→OK，得到如图 2-21 所示的积分信号波形。

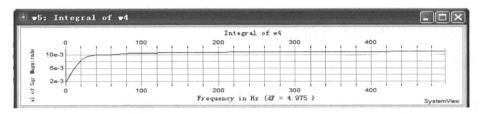

图 2-21　积分信号波形

由图 2-21 可见，积分值（能量）约为 0.01（曲线的趋近值约为 0.01）。由于此 SystemView 幅度谱只表示正频率部分，此部分能量是实际信号能量的一半，故信号的实际能量应为正频率部分信号能量的 2 倍，即 0.02。到此，用 SystemView 仿真的方法验证了帕塞瓦尔定理。

2.4　高斯白噪声

高斯白噪声是通信系统中常见的信道噪声。

2.4.1　高斯白噪声特点

所谓高斯噪声是指瞬时值服从高斯分布（正态分布），即概率密度函数为

$$f(x)=\frac{1}{\sqrt{2\pi}\,\sigma}\exp\left[-\frac{(x-a)^2}{2\sigma^2}\right] \tag{2-12}$$

其中 a 称为均值；σ 称为标准差，其平方 σ^2 称为方差。均值为 a、方差为 σ^2 的高斯随机变量通常记为 $N(a,\sigma^2)$，其概率密度函数的曲线如图 2-22 所示。

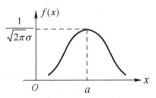

图 2-22　高斯分布概率
密度曲线

由图 2-22 可以看到，$f(x)$ 对称于直线 $x=a$，在 $x\rightarrow\pm\infty$ 时，$f(x)\rightarrow0$；对于不同的 a，表现为 $f(x)$ 的图像左右平移；对于不同的 σ，表现为 $f(x)$ 的图像随 σ 的减小而变高和变窄（曲线下的面积恒为 1）。

所谓白噪声是指其功率谱密度在整个频率范围内为常数，即其功率谱密度表达式为

$$P_n(f) = \frac{n_0}{2} \quad -\infty < f < \infty \tag{2-13}$$

式中，n_0 为常数，单位为 W/Hz，如图 2-23a 所示，这种表示形式称为双边谱。有时噪声功率谱密度只表示出正频率部分，称之为单边谱，如图 2-23b 所示。单边谱的幅度是双边谱幅度的 2 倍。

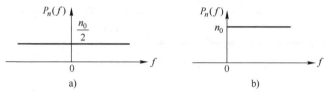

图 2-23　白噪声的功率谱密度

a) 双边功率谱表示　b) 单边功率谱表示

2.4.2　高斯白噪声统计特性仿真

【实例 2-6】 仿真求高斯噪声的均值、方差、概率密度曲线。

解： 构建一个仿真系统，产生高斯噪声。方法是拖动信源图符于设计窗工作区中，双击信源图符，选择 Noise/PN 和 Gauss Noise，点击 Parameters 进入参数设置菜单，选择左侧 Std Deviation（标准差），并在右上方的 Std Deviation 下面的框中输入标准差 1。仿真模型如图 2-24 所示。

图 2-24　实例 2-6 仿真模型

（1）将取样速率设置为 20000 Hz，样点数设置为 1000，运行系统，得到输出噪声波形，如图 2-25 所示。

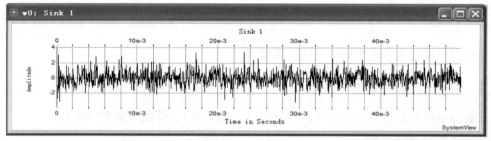

图 2-25　输出噪声波形

（2）点击分析窗工具条上的 "STATISTICS" 按钮 ⚠，可以得到噪声均值和标准差的统计值，如图 2-26 所示。从图中可读取这 1000 个噪声样点值的均值（Mean）为 -0.0001406，标准差为 1.001。显然与设置的理论参数十分接近（注意：每次运行结果会有所不同）。

（3）返回设计窗，将高斯噪声的均值改为 2。重新运行系统，用相同的方法观察此噪声的均值与方差，它们与理论设置

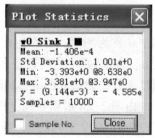

图 2-26　噪声均值与标准差的统计值

值接近吗？

（4）再次返回设计窗，将高斯噪声源的均值改为 0。运行系统，进入分析窗，点击 CALCULATOR 图标√ᾱ，继而选择按钮 Style，最后选择按钮 Histogram，并在其后面填入条状数 40，选择窗口 W0:sink 1，点击 OK 按钮，得到高斯噪声输出波形的柱状图，如图 2-27 所示。观察柱状图，与高斯分布概率密度函数进行对比，是否很相似？若将各柱点数累加在一起，得到的累计结果为 1000，为什么？

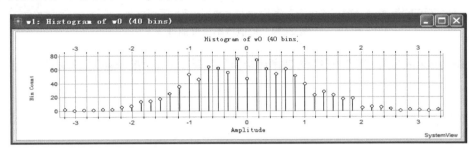

图 2-27　高斯噪声输出波形柱状图

（5）返回设计窗，将系统时钟中的样点数从 1000 增加到 10000。重新运行系统，进入分析窗，更新数据，可见更长时间内的平均使柱状图的形状更接近理论的高斯分布概率密度函数图。如图 2-28 所示。

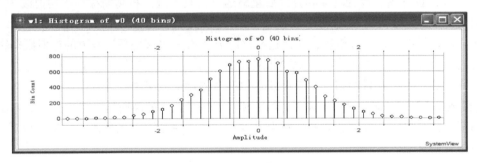

图 2-28　增加样点数后的高斯噪声输出波形柱状图

（6）对柱状图的纵坐标乘以一个比例系数可得到近似的概率密度函数曲线。比例系数大小为

$$\frac{1}{样点数×柱宽}$$

其中，柱宽是指两根柱之间的间隔，可以利用分析窗中工具条上的 ⬚ 来估算，对于上述高斯分布的柱状图，柱宽约为 0.201（注意，由于每次运行产生的随机数有所不同，故这个值也会有所不同），样点数为 10000。给坐标乘以比例系数的方法是：点击 CALCULATOR 图标 √ᾱ，选择 Scale，点击 Scale Axes，在 **Y-Axis** 下面的空白窗口中输入比例因子即可。也可以直接输入 1/（样点数×柱宽），SystemView 会自动计算（注意不要在中文状态下输入），得到近似概率密度曲线，如图 2-29 所示。

（7）为了确认得到的曲线是否为概率密度函数曲线，除了观察形状外，还可以通过对其积分观察其曲线下面的面积是否等于 1。方法是：点击 √ᾱ → Operators → Integrate，选择要积分曲线所在的窗口 w2，即可得到概率分布曲线，趋近于 1。概率分布曲线如图 2-30 所示。

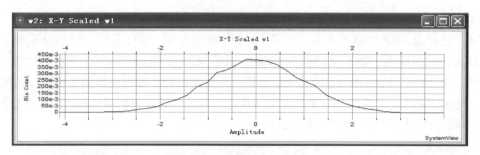

图 2-29　近似概率密度曲线

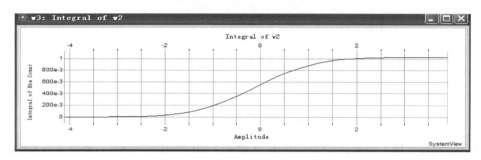

图 2-30　概率分布曲线

（8）返回设计窗，改变均值和方差后重新运行仿真系统。将高斯噪声的均值改为 3，标准差改为 2，为了得到更接近理论的概率密度函数曲线，将系统时钟中的样点数设置为100000。运行系统，进入分析窗，用上述给出的方法再一次求得高斯噪声的近似概率密度曲线（注意比例系数中的样点数及柱宽要相应改变）。注意观察其均值、方差的变化。

用此方法，可以求得均匀分布噪声或其他噪声的近似概率密度函数曲线。

【实例 2-7】 通信理论中已经证明，若 X 和 Y 是统计独立的高斯随机变量，那么 $Z=aX+bY$ 也是高斯随机变量，其均值和方差分别为 $E[Z]=aE[X]+bE[Y]$，$D[Z]=a^2E[X]+b^2E[Y]$。试通过仿真验证之。

解： 根据题意，需要两个高斯噪声源产生高斯随机变量 X 和 Y，并分别乘以系数 a 和 b 后相加得到随机变量 Z。用三个信宿接收 X、Y 和 Z。仿真模型结构如图 2-31 所示。

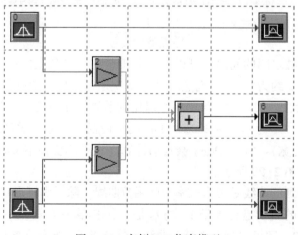

图 2-31　实例 2-7 仿真模型

双击各图符，设置如表 2-5 所示的参数。

表 2-5　各图符作用及参数设置

图符编号	所属图符库	作　用	参　数　设　置
0	信源	产生高斯随机变量	Source：Gauss Noise Std Dev = 4 V Mean = 0 V
1	信源	产生高斯随机变量	Source：Gauss Noise Std Dev = 1 V Mean = 1 V
2	算子	增益	Operator：Gain Gain = 1 Gain Units = Linear
3	算子	增益	Operator：Gain Gain = 2 Gain Units = Linear
4	加法器	相加	无
5	信宿	接收数据	Sink：Analysis
6	信宿	接收数据	Sink：Analysis
7	信宿	接收数据	Sink：Analysis

（1）设置取样速率 20000，样点数 10000，运行系统，进入分析窗，点击工具条上的统计图标 ⚲，在随即出现的统计数据窗中读取 X、Y 和 Z 统计均值和统计标准差（注：方差等于标准差的平方），并将理论值一起填入，见表 2-6。

表 2-6　统计数据内容及值

	理　论　值		仿　真　值	
	均值	标准差	均值	标准差
X	0	4	−0.03769	3.9888
Y	1	1	0.9994	1.006
Z	2	4.4721	1.961	4.425

其中，变量 X 和 Y 的理论值即为参数的设置值，变量 Z 的理论均值和方差计算如下：

$$E[Z] = aE[X] + bE[Y] = 1 \times 0 + 2 \times 1 = 2 \qquad （其中\ a = 1, b = 2）$$
$$D[Z] = a^2 D[X] + b^2 D[Y] = 1^2 \times 4^2 + 2^2 \times 1^2 = 20$$

故 Z 的标准差为 $\sqrt{20} = 4.4721$。

（2）返回设计窗，改变样点数，重新运行系统，进入分析窗，更新数据后，统计平均值和标准差，结果如何？

（3）试试不同的增益系数和不同的高斯随机变量的均值和方差，仿真结果是否与理论值一致？

（4）重新将样点数设置为 10000，运行系统，进入分析窗，按照例 2-6 中给出的方法，仿真得到随机变量 Z 的近似概率密度曲线，如图 2-32 所示。

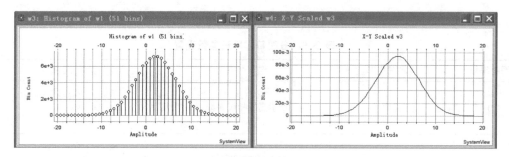

图 2-32　随机变量 Z 的近似概率密度曲线

由图 2-32 所示，概率密度曲线形状与正态分布曲线一致，均值约为 2，标准差可由曲线顶点数值经计算得到，约为 4. 2445，与表 2-6 中数值基本一致。

2.4.3　白噪声通过线性系统的仿真

白噪声通过线性系统后的功率谱 $P_Y(f)$ 与输入白噪声功率谱 $P_X(f)$ 及系统传输特性 $H(f)$ 之间的关系为

$$P_Y(f) = P_X(f) \mid H(f) \mid^2 \qquad (2-14)$$

若线性系统为理想低通滤波器，则输出噪声为低通白噪声（在低通频带内功率谱为常数）；若线性系统为理想带通滤波器，则输出噪声为带通白噪声（在带通频带内功率谱为常数）；若白噪声瞬时值服从高斯分布（即高斯白噪声），则输出噪声的瞬时值也服从高斯分布，即输出仍为高斯噪声。

完成此仿真需一个产生高斯白噪声的信源、一个滤波器和两个用于接收滤波器输入和输出噪声的信宿。

滤波器是通信系统仿真中的一个重要部件，既可以用它来滤除噪声或其他不需要的频率成分，也可以用它来补偿信道的失真或修改信号相位等。

用 SystemView 很容易设计数字滤波器。在这个仿真的开始部分，以设计一个频带范围从 0~1000 Hz 的简单低通滤波器为例，首先讨论在 SystemView 中滤波器设计的基本方法。

（1）在 SystemView 设计窗中，从图符库中选择算子图符 ▦ 放置于设计窗工作区域中，双击此图符，在弹出菜单中选择 "Filters/Systems" 按钮，再选择 "Linear Sys Filters" ▦，点击 "Parameters"，弹出参数设置对话框，如图 2-33 所示。

小技巧：由于此图符十分常用，故直接在设计窗工作区中点击鼠标右键，在弹出的滚动菜单中选择 "New Filter/Linear System…" 即可得到上述图符和参数设置对话框。

利用此对话框，可以设计标准的 FIR 和 IIR（选择 "Analog…" 按钮）低通滤波器、高通滤波器、带通滤波器和带阻滤波器。利用 "Comm" 按钮可设计常用的通信系统滤波器，如平方根升余弦滤波器、升余弦滤波器等。利用"Custom" 按钮可设计用户所需的任意频率响应的滤波器。

（2）在滤波器设计对话框中选择 "FIR…"（有限冲击响应滤波器）按钮，并在弹出的对话框中选择 "Lowpass"（低通滤波器）按钮，点击 "Design"（设计）按钮，弹出如图 2-34 所示的滤波器设计对话框。

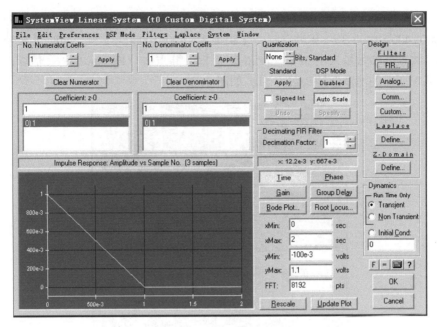

图 2-33　参数设置对话框

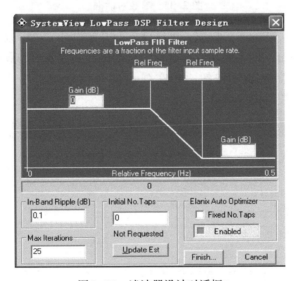

图 2-34　滤波器设计对话框

注意，通带增益为 0 dB，这意味着此频率范围内的衰减为 0 dB，转换成线性增益为 1，这是因为

$$20\log_{10}\text{GAIN} = 20\log_{10}1 = 0\text{dB}$$

但在阻带，若线性增益为 0.01，则等效为

$$20\log_{10}0.01 = 20\log_{10}10^{-2} = -40\text{dB}$$

因此，在阻带增益框中应填入 -40。

另外需要注意的是，滤波器频带转换点的频率要用系统取样速率来归一化，因此，在进行滤波器参数设计前应首先设置系统的取样速率，本例设为 10000 Hz。当设计一个截止频率

为 1000 Hz 时，其归一化频率为 1000/10000＝0.1，又设过渡带宽度为 400 Hz，则过渡带截止频率为 1000＋400＝1400 Hz，其对应归一化频率为 1400/10000＝0.14。同时设通带内的波动为 0.1 dB。将这些参数填入图 2-34 所示的对话框，并点击"Update Est"，估算出满足此滤波器设计需求所需的滤波器抽头数为 51，如图 2-35 所示。

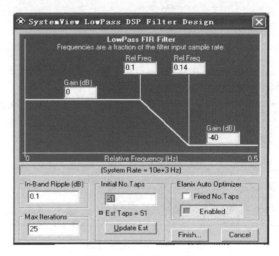

图 2-35　参数对话框

注意，只要不点击"Finish"按钮，系统就不会开始设计。也可以在"Elanix Auto Optimizer"下选择"Enabled"使系统在设计过程中自动设计满足要求的最佳滤波器。

填写完成后点击"Finish"按钮，并在弹出的对话框中点击"Yes"按钮，得到如图 2-36 所示的 FIR 滤波器设计结果。

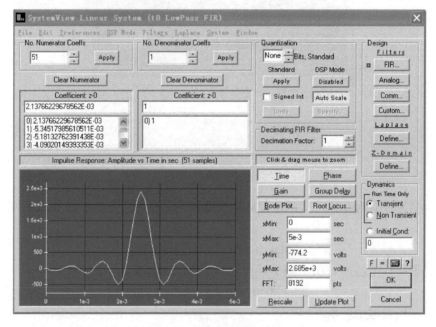

图 2-36　FIR 滤波器设计结果

左上角通过滚动条可看到所有所设计滤波器的系数，左下显示的是所设计滤波器的冲激响应，点击"Gain"按钮，可以看到所设计滤波器的幅频特性，点击"Time"按钮后又可看到冲激响应。

小技巧：鼠标放置于显示冲激响应的图形窗口中，按下鼠标左键并拖动，放开鼠标后选中的区域会放大，点击右下角的"Rescale"按钮即可复原；鼠标放置于图形窗口，按下鼠标右键，在弹出的菜单中，选择"show points"，即可显示冲激响应曲线上的点，如图2-37所示。在弹出菜单中，再次点击"Show points"即可恢复。

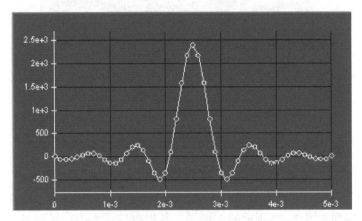

图2-37　冲激响应曲线上的点

另外，通过对话框中的"File"下拉菜单，可以保存所设计滤波器的系数，故其他应用场合如需设计滤波器，也可用SystemView来完成。SystemView也支持从外部输入滤波器系数。

【实例2-8】用SystemView仿真工具验证高斯白噪声通过低通滤波器后的特性。

解：根据仿真要求，构建仿真模型如图2-38所示。

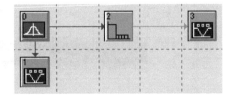

图2-38　实例2-8仿真模型

其中，图符2为低通滤波器，截止频率为1000 Hz，过渡带为200 Hz，阻带衰减为-60 dB，设计后抽头数为137，如图2-39所示。图符0为高斯白噪声，功率谱密度设为2×10^{-4} W/Hz。图符1和图符3分别接收高斯白噪声信号源和其通过低通滤波器后的噪声。在设置低通滤波器参数之前先将系统的取样速率设为10000，各图符的作用及参数设置见表2-7。

表2-7　各图符作用及参数设置

图符编号	所属图符库	作　用	参　数　设　置
0	信源	产生高斯白噪声	Density in 1 ohm Density = 200e-6 W/Hz Mean = 0 V
1	信宿	接收图符0的输出	无
2	算子	低通滤波	见图2-39
3	信宿	接收低通滤器的输出	无

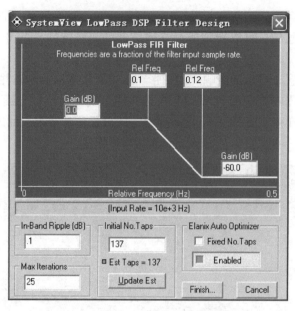

图 2-39 低通滤波器参数设置窗口

（1）在系统定时中设置样点数 10000（之前已设置了取样速率为 10000 Hz），运行系统，进入分析窗中，得到如图 2-40 所示的波形图，其中窗口 0（w0）显示 t1（图符 1）接收数据的波形，即为信源输出的高斯白噪声波形。窗口 1 显示低通滤波器输出的噪声波形。低通滤波器输入输出噪声波形是否有变化？

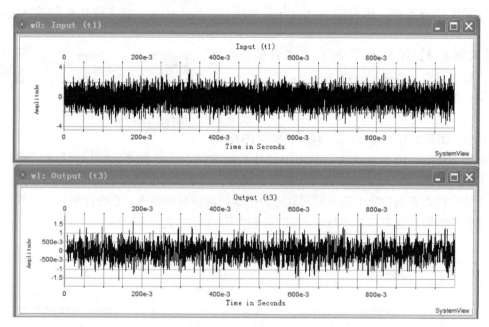

图 2-40 低通滤波器输入输出的噪声波形

（2）观察白噪声通过低通滤波器后的统计特性。返回设计窗，将样点数设置为 100000，重新运行系统，再次进入分析窗，点击 ⚠ 得到通过低通滤波器前后两个噪声的均值和标准差，如图 2-41 所示。

由图 2-41 可见，输入噪声的统计均值为 -3.485×10^{-3}，标准差为 1，低通滤波器输出噪声的统计均值为 -3.523×10^{-3}，标准差为 0.4603，即方差约为 0.2119，这个数值与理论结果十分接近。由式（2-14）可计算出输出噪声方差的理论值为 $n_0 B = 2 \times 10^{-4}\times1000 = 0.2$，实际统计值比理论计算所得值稍大一点，请读者思考为什么？

再通过仿真输入和输出噪声的概率密度曲线来考察概率统计分布的变化情况。依次点击 $\sqrt{a}$ → Style → Histogram，输入柱数 31，选择 w0:input(t1)，最后点击 OK 得到源高斯白噪声的柱状图。再次使用相同的方法，选择 w1:output(t3)，点击 OK，在随后出现的弹出菜单中选择"否"，得到低通滤波器输出噪声的柱状图。低通滤波器输入白噪声和其输出噪声的柱状图如图 2-42 所示。

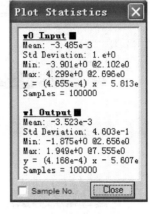

图 2-41　白噪声通过低通器
前后的统计特性

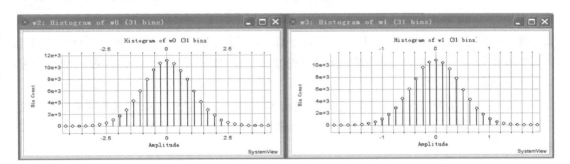

图 2-42　低通滤波器输入和输出噪声的柱状图

分别测得窗口 2 和窗口 3 中柱状图的柱间宽度为 0.2766 和 0.1209，结合样点数 100000，调整图 2-42 所示的两个柱状图的比例系数后得到低通滤波器输入白噪声和输出噪声的概率密度曲线如图 2-43 所示。从曲线形状可以看到，输出噪声也服从高斯（正态）分布。

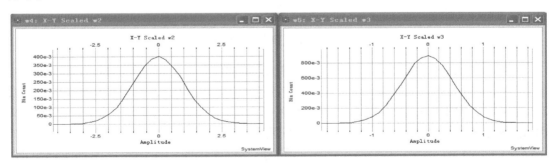

图 2-43　低通滤波器输入噪声和输出噪声的概率密度曲线

（3）观察低通滤波器输入和输出噪声的功率谱变化。依次点击 $\sqrt{a}$ →Spectrum→ |FFT|^2 →w0→OK，得到信源输出高斯白噪声的功率谱密度，用同样的方法，选择 w1，点击 OK，在弹出的菜单中选择"否"，得到低通滤波器输出噪声的功率谱，如图 2-44 所示。

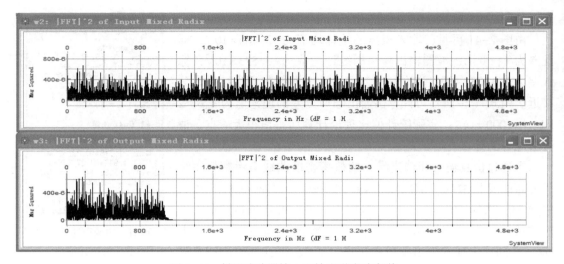

图 2-44　低通滤波器输入和输出噪声功率谱

对比图 2-44 所示的输入输出功率谱图，通过截止频率 1000 Hz 的低通滤波器，输入高斯白噪声中频率高于 1000 Hz 以上的频率成分基本被滤除了，输出功率谱图中 1000~1200 Hz 区间仍有少量功率谱输出，这是因为所设计的滤波器在 1000~1200 Hz 是过渡带，1200 Hz 的频率成分被彻底滤除了。

（4）积分求功率。在分析窗口中依次点击 $\sqrt{a}$ →Operator→Integrate，选择需要积分的窗口，可对图 2-44 所示的两个功率谱图分别求积分以求得两个噪声的功率。积分结果如图 2-45 所示。

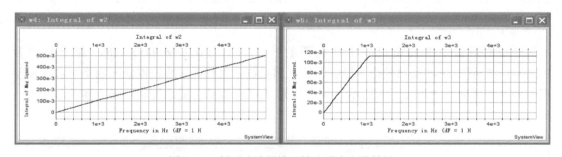

图 2-45　低通滤波器输入输出噪声积分结果

从图 2-45 积分曲线读得，对两个功率谱积分后的值分别为 0.5 和 0.112（曲线末端的值），由于 SystemView 对频谱只显示双边谱中的正频率部分，因此对功率谱积分后的值乘以 2 才是实际噪声的功率，故从图 2-45 可得输入噪声和输出噪声的功率分别为 1 和 0.224。又因为这两个噪声的均值都为 0，所以噪声功率即为方差。与前面统计得到的方差相比，结果一致。

【实例 2-9】仿真高斯白噪声通过带通滤波器。

解：设计一个带通滤波器，通带范围为 900~1200 Hz。（注意两边过渡带的选择，若过渡带太小，会导致满足需求的带通滤波器的抽头数过多。）过渡带选取 200 Hz，阻带衰减为 -40 dB。按照前面所述滤波器的设计方法设计带通滤波器，其输出接至信宿图符，构建 SystemView 仿真模型如图 2-46 所示。在滤波器设计之前，将系统定时中的取样速率设为 10000 Hz。

图符 0 产生高斯白噪声，其标准差设为 1。图符 2 和图符 3 分别接收带通滤波器输出和输入端的噪声。带通滤波器参数设置如图 2-47 所示。点击"Finish"按钮完成此带通滤波器的设计，最终设计的带通滤波器有 102 个抽头系数。

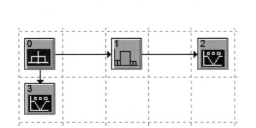

图 2 46　实例 2-9 仿真模型

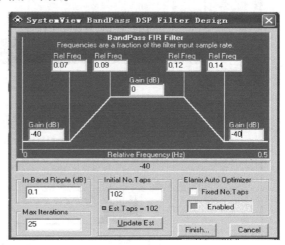

图 2-47　带通滤波器参数设置窗口

（1）设置样点数为 10000，运行系统，带通滤波器输入和输出波形如图 2-48 所示。

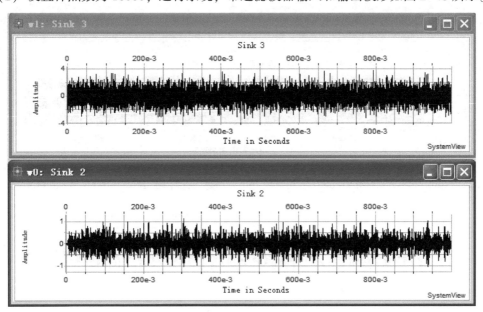

图 2-48　带通滤波器输入和输出波形

（2）进入分析窗，分别求出这两个波形的功率谱，如图 2-49 所示。

请解释输出信号的功率谱是否合理。

（3）返回设计窗，双击图符 0，点击"Unif Noise"，将信源由高斯噪声改成均匀分布的噪声，最大幅度设为 1 V，最小幅度设为 -1 V。运行系统，进入分析窗，更新数据，得到带通滤波器输入和输出波形如图 2-50 所示。带通滤波器输入和输出噪声的功率谱密度如图 2-51 所示。

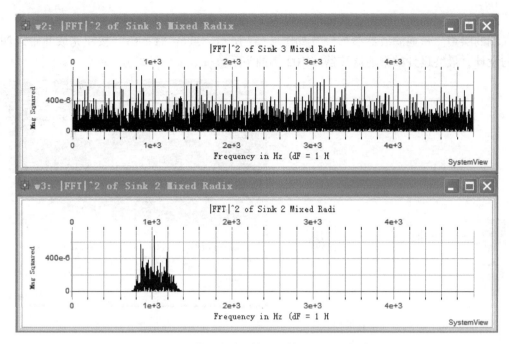

图 2-49　带通滤波器输入和输出波形功率谱

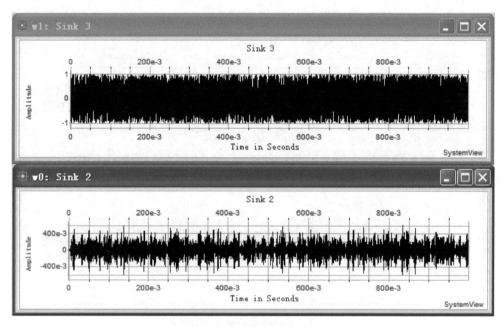

图 2-50　带通滤波器输入和输出波形

（4）关闭两个功率谱窗口，返回设计窗，将样点数改为 100000，重新运行系统，再次进入分析窗，按之前方法求出带通滤波器输入和输出噪声的柱状图，如图 2-52 所示。

由图 2-52 可见，当带通滤波器的输入噪声服从正态分布时，其输出噪声接近正态分布。为什么？有何理论依据？

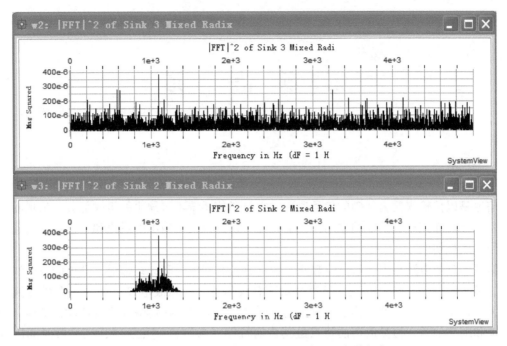

图 2-51 带通滤波器输入和输出噪声的功率谱密度

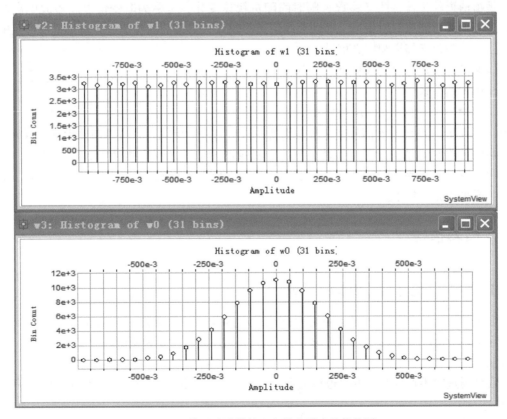

图 2-52 带通滤波器输入和输出噪声的柱状图

第3章 信 道

3.1 概述

信道是以传输媒质为基础的信号通道，它是通信系统不可缺少的组成部分。信道特性对通信系统性能起到至关重要的作用，信道特性不理想以及信道中的噪声和干扰都会对通过它的信号造成损伤。

信道的分类方法很多。按传输媒质，信道分为有线信道和无线信道，常见的双绞线、被覆线、多芯屏蔽线、同轴电缆、光缆等属于有线信道，而短波电离层反射、无线对流层散射、无线视距、卫星中继、移动无线信道等则是无线信道。按传输媒质的特性，信道分为恒参信道和随参信道，恒参信道的特点是其传输特性（参数）变化缓慢，在一段时间内近似恒定，也称为时不变信道。例如，有线信道、无线视距、卫星中继等就属于恒参信道。随参信道是指信道的传输特性（参数）随时间随机快速变化，也称为时变信道。短波电离层反射信道、无线对流层散射信道、移动无线信道等是几种典型的随参信道。按信道所涉及的范围，信道分为狭义信道和广义信道。

信道可模型化为时变线性网络，如图 3-1 所示。其输出与输入的关系为

$$e_o(t) = k(t)e_i(t) + n(t) \qquad (3-1)$$

图 3-1 调制信道模型

式中，$k(t)$ 和 $n(t)$ 对输入信号来讲都是干扰，$k(t)$ 为乘性干扰，$n(t)$ 为加性干扰（噪声）。

乘性干扰 $k(t)$ 依赖于网络特性，是一个复杂的函数。乘性干扰会引起信号畸变，对信号的影响较大，需要采用专门的技术加以克服。对于恒参信道，可采用均衡技术；对于随参信道，可采用分集技术。

3.2 恒参信道

3.2.1 恒参信道对信号传输的影响

恒参信道的特点是 $k(t)$ 基本不随时间变化，因此恒参信道是一个线性时不变系统，可用传输特性 $H(\omega) = |H(\omega)|e^{-j\varphi(\omega)}$ 来描述，其中 $|H(\omega)| \sim \omega$ 为幅频特性，$\varphi(\omega) \sim \omega$ 为相频特性。

信号通过时不产生失真的信道称为理想信道。理想信道的幅频特性和相频特性具有如下特点：

① 幅频特性

表达式：$|H(\omega)| = K_0$，为常数。

图形：一条水平线，如图 3-2a 所示。

物理意义：不同频率分量通过信道时，受到的幅度衰减（或放大）的比例相同。

② 相频特性或群时延特性

表达式：相频特性 $\varphi(\omega) = \omega\tau_d$，与频率成线性关系。

群时延特性 $\tau(\omega) = \dfrac{\mathrm{d}\varphi(\omega)}{\mathrm{d}\omega} = \tau_d$，为常数。

图形：相频特性是一条经过原点的斜直线，如图 3-2b 所示；群时延特性是一条水平线，如图 3-2c 所示。

物理意义：不同频率分量通过理想信道时，受到的时间延迟相同。

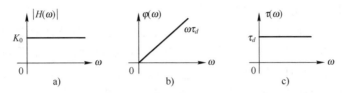

图 3-2　理想信道的幅频、相频及群时延-频率特性曲线

可见，信号通过理想信道时，只有幅度上的衰减及时间上的延迟。因此，如图 3-2 所示信道输入 $e_i(t)$，则其输出 $e_o(t) = K_0 e_i(t-\tau_d)$。

但实际恒参信道并不理想，会对信号产生两种失真：幅频失真和相频失真。图 3-3 所示为典型音频电话信道的传输特性。其幅频特性和相频特性有如下特点：

① 幅频特性

图形：不是一条水平线，如图 3-3a 所示。

物理意义：不同频率分量通过信道受到不同程度的衰减。当非单频信号通过它时产生波形失真，这种由幅频特性不理想引起的失真称为幅频失真。

影响：对模拟通信造成波形失真，输出信噪比下降；对数字信号引起码间干扰，从而产生误码。

② 相频特性或群时延特性

图形：如图 3-3b、c 所示。群时延特性不是一条水平线。

物理意义：不同频率分量通过信道受到不同的时间延迟。当非单频信号通过它时同样会产生波形失真，这种由相频特性不理想引起的失真称为相频失真（也称为群时延失真）。

影响：对模拟话音通信影响并不显著，因为人耳对相频失真不敏感；对数字通信影响较大，尤其当传输速率较高时，引起严重的码间干扰，造成误码。

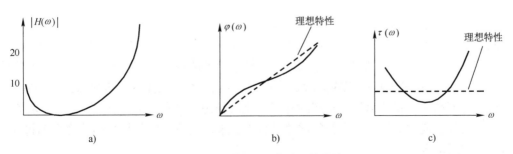

图 3-3　典型音频电话信道的传输特性

幅频失真和相频失真都是线性失真（失真不会产生新频率分量），线性失真通常用"均衡"技术加以弥补。

3.2.2　恒参信道对信号传输影响的仿真

恒参信道的 $H(f)$ 是不随时间变化的，但它可能是不理想的，不同频率成分的信号通过它会受到不同幅度的衰减和时间延迟。

有幅频失真的信道其幅频特性在信号的频率范围内不为常数，幅频失真使信号的不同频率分量受到不同衰减，从而导致信号波形失真。

当信道有相频失真时，意味着不同的频率分量通过信道时受到不同的时间延迟。

【实例 3-1】恒参信道幅频、相频失真仿真。

设有信号 $x(t)=2\cos50\pi t+\cos150\pi t$（V），此信号有两个频率分量 25 Hz 和 75 Hz，幅度分别为 2 V 和 1 V。将此信号送入信道传输，信道的幅频特性如图 3-4 所示。

此幅频特性表示，25 Hz 的频率分量通过它时幅度衰减到输入幅度的 0.75 倍，75 Hz 的频率分量通过它时，则衰减到原来幅度的 0.25 倍。故输出信号为

$$y(t)=1.5\cos50\pi t+0.25\cos150\pi t$$

输出信号与输入信号相比，波形形状已发生了变化，输出信号有失真，但输出信号没有产生新的频率分量，这种失真属于线性失真。

设信道的群时延特性如图 3-5 所示。

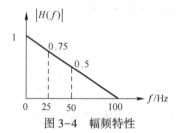

图 3-4　幅频特性

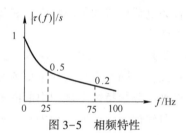

图 3-5　相频特性

信号通过此群时延特性的信道时，25 Hz 的频率分量会有 0.5 s 的延迟，75 Hz 的频率分量会有 0.2 s 的延迟。信道没有幅频失真时的输出为

$$y(t)=2\cos50\pi(t-0.5)+\cos150\pi(t-0.2)$$

显然信号通过此信道后波形产生了失真，这种失真也属于线性失真。

当信道同时有幅频失真和相频失真时，信号波形会产生更大的失真。

解：

1. 仿真建模

依据要求，建立 SystemView 仿真模型如图 3-6 所示。

图符 0 产生幅度为 2 V、频率为 25 Hz 的正弦波，图符 1 产生幅度为 1 V、频率为 75 Hz 的正弦波。两个正弦波通过图符 2 相加，用来模拟信道的输入信号，图符 3 显示这个信号的波形。图符 4、5 用来仿真信道的群时延特性（相频特性），当设置的时间延迟不同时，代表信道对不同频率分量的信号有不同的延迟，此时信道有相频失真。图符 6、7 用来仿真信道的幅频特性，通过对这两个图符的增益进行设置来仿真不同幅频特性的信道。图符 4、5、6、7 共同构成信道。

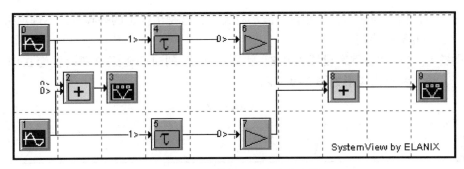

图 3-6　幅频失真和相频失真仿真模型

2. 仿真演示

设置系统定时：样点数为 200，取样速率为 1000 Hz。

（1）无失真传输

双击图符 4、5 并选择参数按钮，将时间延迟设置为相同的值（如 0）。双击图符 6、7，选择参数按钮，将两个图符的增益（Gain）也设置成相同的值（如 0.8）。运行系统，图符 3显示的信道输入波形和图符 9 显示的信道输出波形如图 3-7 所示。

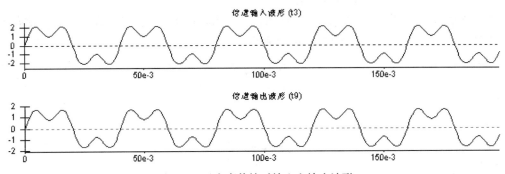

图 3-7　无失真传输时输入和输出波形

由图 3-7 可见，不同频率分量通过信道时受到相同的幅度衰减和相同的时间延迟时，输出信号没有任何失真。

（2）只有幅频失真时

双击图符 6、7，改变它们的增益，将图符 6 的增益设为 0.4，将图符 7 的增益设为 0.9。运行系统，信道输入、输出波形如图 3-8 所示。

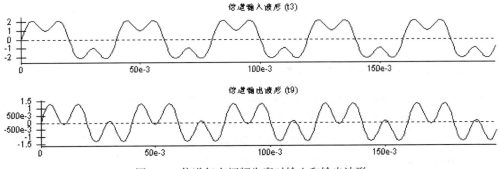

图 3-8　信道仅有幅频失真时输入和输出波形

显然，输出信号与输入信号相比，波形有失真，这是由信道的幅频特性不理想引起的。

（3）只有相频失真时

将图符 6、7 的增益重新设置为 0.8。将图符 4、5 的时间延迟分别设置为 0.01 s 和 0。运行系统，输入和输出波形如图 3-9 所示。

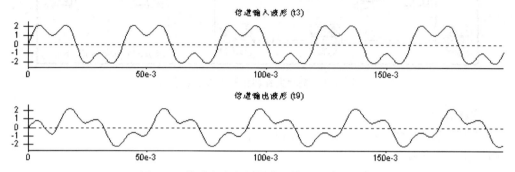

图 3-9　信道仅有相频失真时输入和输出波形

可见，输出波形也产生了失真。

（4）幅频失真和相频失真同时存在时

双击图符 6、7，改变它们的增益，将图符 6 的增益设为 0.4，将图符 7 的增益设为 0.9。运行系统，信道输入、输出波形如图 3-10 所示。

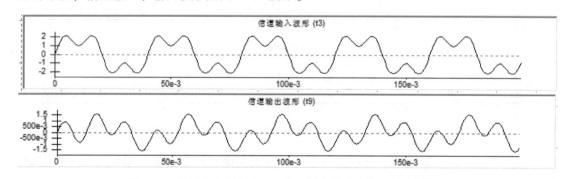

图 3-10　信道既有幅频失真又有相频失真时的输入和输出波形

由图 3-10 可见，输出波形与输入波形相比，存在更大的失真。

实际信道通常既存在幅频失真也存在相频失真。

3.3　随参信道

3.3.1　随参信道对信号传输的影响

随参信道的最主要特点是时变性和多径传播。时变性是指随参信道对信号幅度和时延的影响是随时间变化的。多径传播是指从同一发射点发出的信号，经多条路径传输后到达同一接收点。由于每条路径对信号的衰减和时延都是随机变化的，因此，多径传播后的接收信号将是衰减和时延都随时间变化的各路径信号的合成。如图 3-11 所示。

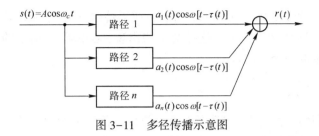

图 3-11　多径传播示意图

设发送信号为单频余弦波 $s(t)=A\cos\omega_c t$，则经 n 条路径传播后的接收信号为

$$r(t) = \sum_{i=1}^{n} a_i(t)\cos\omega_c\left[t - \tau_i(t)\right] = \sum_{i=1}^{n} a_i(t)\cos\left[\omega_c t + \varphi_i(t)\right]$$

$$= \sum_{i=1}^{n} a_i(t)\cos\varphi_i(t)\cos\omega_c t - \sum_{i=1}^{n} a_i(t)\sin\varphi_i(t)\sin\omega_c t$$

$$= X_c(t)\cos\omega_c t - X_s(t)\sin\omega_c t$$

$$= V(t)\left[\cos\omega_c t + \varphi(t)\right]$$

其中，$V(t)$ 是合成波 $r(t)$ 的包络，$\varphi(t)$ 是合成波 $r(t)$ 的相位，它们都是缓慢变化的随机过程。当 n 足够大时，包络 $V(t)$ 的一维分布服从瑞利分布，相位 $\varphi(t)$ 在（$0\sim2\pi$）内均匀分布。可见，$r(t)$ 是一个窄带平稳高斯过程。发送信号与接收信号功率谱示意图如图 3-12 所示。

可见，幅度恒定的单频信号通过多径时变信道传播后变成了包络（振幅）随机起伏、频谱扩散的窄带平稳高斯随机过程。这种包络随机起伏的现象称为衰落。由于包络的一维分布服从瑞利分布，故又称其为瑞利衰落。多径传播也使单一频率变成了一个窄带谱，这种频谱的扩张现象称为频率弥散。

当含有丰富频率成分的发送信号通过时变多径传播信道时，信号频谱中的某些频率分量受到衰落，这种现象称为频率选择性衰落。为简明起见，设只有两条路径，对信号的衰减比例相同，相对时延差为 τ，信道如图 3-13 所示。

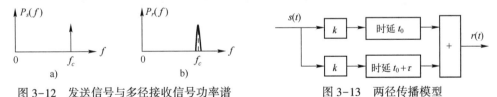

图 3-12　发送信号与多径接收信号功率谱　　　图 3-13　两径传播模型

接收信号 $r(t)=Ks(t-t_0)+Ks(t-t_0-\tau)$，两边求傅里叶变换，得信道传输特性为

$$H(\omega) = Ke^{-j\omega t_0}(1+e^{-j\omega\tau})$$

其幅频特性为 $|H(\omega)| = k|1+e^{-j\omega\tau}| = 2k|\cos(\omega\tau/2)|$，示意图如图 3-14 所示。

由图 3-14 可见，幅频特性在 $f=\dfrac{2n+1}{2\tau}$ 处有零点，假如 $\tau=2\,\text{ms}$，则信号中频率为 250 Hz、750 Hz、1250 Hz、…等分量衰落到零，这些频率附近的分量也将受到很严重的衰落。

有多条路径的传播中，设最大多径时延差为 τ_m，则定义多径信道的相关带宽为

$$B_c = \frac{1}{\tau_m}$$

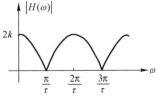

图 3-14　两径信道幅频特性

它表示信道传输特性相邻零点的频率间隔。如果传输信号的频谱宽于 B_c，则该信号将发生明显的频率选择性衰落。为避免这种情况的出现，必须限制信号的带宽。在工程设计中，信号的带宽通常取 $(1/5 \sim 1/3)B_c$。

3.3.2 多径效应仿真

【实例 3-2】 多径传播引起频率选择性衰落仿真（信源为冲激脉冲）。

解： 根据多径传播的机理及图 3-13 可建立仿真模型，如图 3-15 所示。

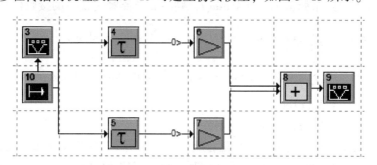

图 3-15 频率选择性衰落仿真模型

图符 10 产生发送信号。图符 4、6、5 和 7 仿真两条传播路径，其中图符 4、5 相对时延设为 0.002 s，图符 6、7 增益设为 0.8。图符 8 将来自两条路径的接收信号相加。

（1）仿真幅频特性。双击信源图符 10，将其设置为单个冲激脉冲产生器。设置系统运行时间：取样速率为 2000 Hz，结束时间（Stop time）设为 2 s（系统自动计算出取样点数为 4001），运行系统，进入分析窗，利用 $\sqrt{\alpha}$ 的 Spectrum 功能计算出 "w0:信道输入波形" 和 "w1:信道输出波形" 的 |FFT|，得到两个频谱图如图 3-16 所示。

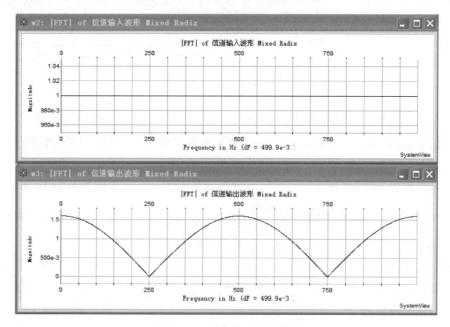

图 3-16 输入输出幅度谱

当输入为冲激信号时，系统输出信号即为系统的冲激响应，其幅度谱即为系统幅频特性。由图 3-16 可见，发生衰落的频率为 $f=250,750,1250\,\text{Hz},\cdots$。如果信号中含有 250 Hz、750 Hz、1250 Hz、…的频率分量，通过上述多径信道后，这些频率分量衰减至 0，它们附近的频率成分也将发生很大的衰落。

（2）返回设计窗，双击信源图符 10，选择 Noise/PN 下的 PN Seq，将参数设置为幅度 1 V，速率 500 Hz（说明：Systemview 中码元速率的单位用 Hz，含义等同于 Baud），电平数 2。运行系统，进入分析窗，更新数据，得到多径信道输入和输出信号幅度谱，如图 3-17 所示。

输入信号是二进制矩形随机序列，码元速率为 500 Baud，因此幅度谱第一个零点在 500 Hz 处，随后有等间隔的零点。由图 3-17 可见，此信号通过信道后，250 Hz、750 Hz 处的频谱衰落到了 0。

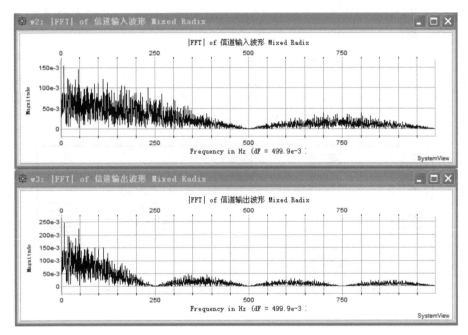

图 3-17　多径信道输入和输出信号幅度谱

（3）再次返回设计窗，双击信源图符 10，将其码元速率改为 100，重新运行系统，进入分析窗，更新数据，得到输入和输出信号幅度谱如图 3-18 所示。

对比图 3-18 输入与输出信号幅度谱的主瓣，会发现两者几乎是一样的，这是因为，此多径信道的第一衰落频率值为 250 Hz，而信道输入信号的主瓣宽度（即第一个零点值）为 100 Hz（等于码元速率），故输入信号的主瓣并没有受到多径信道的衰落。由此可见，只要降低输入信号的带宽（码元速率），信号通过它就可以不受到频率选择性衰落的影响。

【实例 3-3】多径传播引起频率选择性衰落仿真（信源为扫频信号）。

解：根据多径传播的机理及图 3-13 可建立仿真模型，如图 3-19 所示。

图符 10 产生频率扫描信号。双击图符，适当设置参数，使它产生一个幅度为 1 V、频率从 0 Hz 到 270 Hz 连续变化的信号。图符 4、6 及图符 5、7 仿真两条传播路径。图符 8 将来自两条路径的接收信号相加。

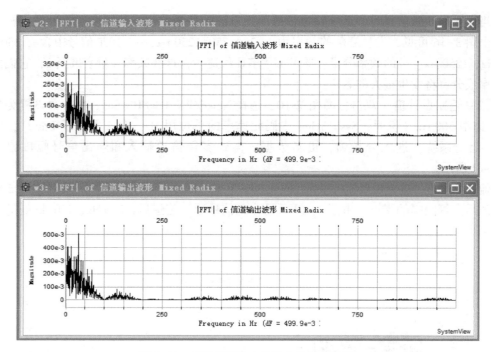

图 3-18　多径信道输入和输出信号幅度谱

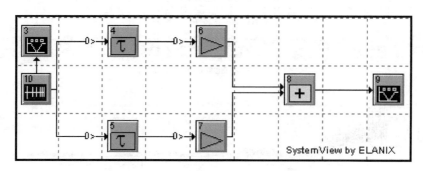

图 3-19　频率选择性衰落仿真模型

由图 3-13 可知，当两条路径的相对时延为 τ 时，发生衰落的频率值为 $f=\dfrac{2n+1}{2\tau}$（$n=0$，$1,2,3,\cdots$）。

将图符 6、7 增益设置成相同的值，图符 4 的延时设置为 0.01 s，图符 5 的时延设置为 0，则两条路径的相对时延 $\tau=0.01$ s，发生衰落的频率为 $f=50,150,250$ Hz，$\cdots$。即如果信号中含有 50 Hz、150 Hz、250 Hz $\cdots$的频率分量，通过上述多径信道后，这些频率分量会衰减至 0。

（1）设置系统定时：取样速率为 1024 Hz，结束时间（Stop time）设为 2 s（系统自动计算出取样点数 1025），运行系统，进入分析窗，得到输入信号、输出信号波形如图 3-20 所示。

由图 3-20 中的波形可见，当输入信号频率为 50 Hz、150 Hz、250 Hz 时，输出信号振幅为 0，当输入信号的频率在这些频率的附近时，信道对它们也有很大的衰减，信号振幅很小。

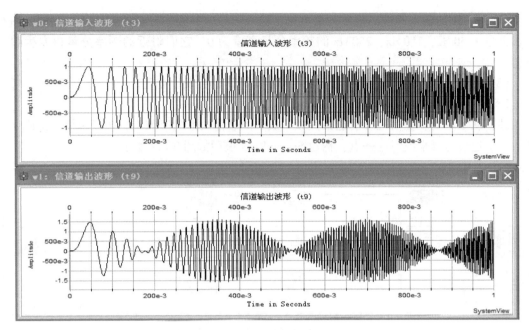

图 3-20　输入和输出波形

输入信号和输出信号的频谱图能更好地反映频率选择性衰落对信号的影响。

（2）在分析窗中求输入和输出波形的频谱。利用 $\sqrt{a}$ 的 Spectrum 功能计算出 w0:信道输入波形和 w1:信道输出波形的 |FFT|，得到两个频谱图，如图 3-21 所示。

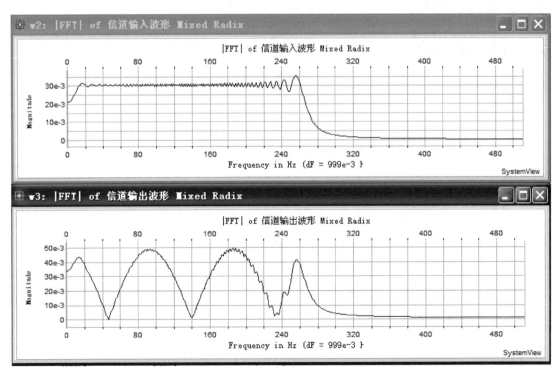

图 3-21　输入和输出信号频谱

从图 3-21 的输入和输出信号频谱可见，输入信号中各频率分量的幅度基本相同，而在输出信号中 50 Hz、150 Hz、250 Hz 的频率分量衰减为 0，它们附近的频率分量也发生很大衰落。

（3）改变两条路径的相对时延，发生衰落的频率也会发生变化。

【实例 3-4】 多径传播引起码元展宽仿真。

解： 从频域看多径信道会引起某些频率成分的衰落。但从时域看，多径传播会使码元展宽。为了通过仿真来说明这一点，构建 SystemView 模型如图 3-22 所示。

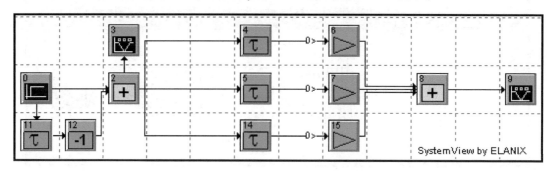

图 3-22　多径传播引起码元展宽仿真模型

图符 0、11、12、2 产生一个宽度为 0.05 s、幅度为 1 V 的矩形脉冲，图符 3 显示这个脉冲的波形。矩形脉冲通过三个路径到达接收端，这三条路径的时延分别设为 0 s、0.02 s、0.04 s。三条路径的增益可设置成相同，也可设置成不同。图符 8 对来自三条路径的信号进行相加，得到接收信号。

将系统定时设置成：样点数 1000，取样速率 1000 Hz。运行系统，得到发送信号和接收信号的波形如图 3-23 所示。

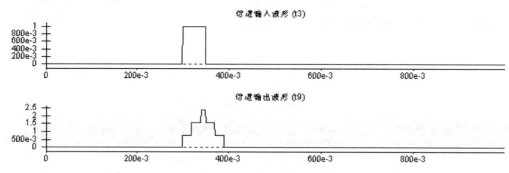

图 3-23　发送信号和接收信号的波形

单个矩形脉冲通过多径信道后，脉冲宽度被展宽了，展宽的程度和多条路径中的最大相对时延有关。脉冲展宽会引起码间干扰，所以在多径信道中传送数字信号，码元速率不能太高。

第4章　模拟调制

4.1　概述

从语音、音乐、图像等信息源直接转换得到的电信号都包含丰富的低频分量。如声音通过传声器转换得到的语音信号，其频率范围在 300~3400 Hz，这种信号称为基带信号。为了使基带信号能够在带通信道上传输，必须对基带信号进行调制，将基带信号的频谱搬移到带通信道的通带范围内。相应地，在接收端把恢复原基带信号的过程称为解调。

若基带信号是模拟信号，相应的调制称为模拟调制。常用的模拟调制有振幅（幅度）调制和频率调制。采用模拟调制的模拟通信系统框图如图 4-1 所示。

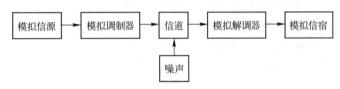

图 4-1　模拟通信系统框图

4.2　振幅调制

载波振幅受基带信号控制的调制称为振幅调制。振幅调制又可分为完全调幅（AM）、抑制载波的双边带调制（DSB）、抑制载波的单边带调制（SSB）和残留边带调制（VSB）四种。

4.2.1　振幅调制解调原理

振幅调制原理图如图 4-2 所示，其中 $m(t)$ 为调制信号，均值为 0；载波 $c(t) = \cos 2\pi f_c t$；$h(t)$ 是滤波器的冲激响应；$s_{\mathrm{m}}(t)$ 为已调信号。

选择不同的滤波器特性可得到不同的幅度调制方式。

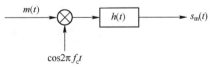

图 4-2　幅度调制的一般模型

① 完全调幅（AM）：滤波器是个全通网络，调制信号 $m(t)$ 在与载波相乘之前叠加上一个直流分量 A_0，且要求 $A_0 \geqslant |m(t)|_{\max}$。

② 抑制载波的双边带调制（DSB）：滤波器为全通网络。

③ 单边带调制（SSB）：滤波器是截止频率为 f_c 的高通或低通网络，若为低通滤波器，则为下边带调制；若为高通滤波器，则为上边带调制。

④ 残留边带调制（VSB）：滤波器为特定的具有互补特性的网络。

AM 信号的解调可用相干解调或包络解调。实际应用中，主要采用电路简单的包络解调，原理框图如图 4-3 所示。

图 4-3　AM 信号解调器

DSB 和 SSB 信号只能采用相干解调（同步解调），解调框图如图 4-4 所示。

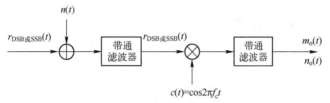

图 4-4　DSB 或 SSB 信号解调器

VSB 调制是介于 SSB 和 DSB 之间的一种折中方式。VSB 调制器框图如图 4-5 所示，先产生 DSB 信号，再用残留边带滤波器 $H_{VSB}(f)$ 形成残留边带信号。VSB 信号也只能采用相干解调，解调框图与 DSB 相同。

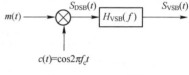

图 4-5　VSB 调制器

为保证无失真地恢复原调制信号，残留边带滤波器的传输特性 $H_{VSB}(f)$ 在 f_c 处必须满足互补滚降特性，即

$$H_{VSB}(f+f_c)+H_{VSB}(f-f_c)= 常数 \qquad |f| \leqslant f_H$$

4.2.2　AM 调制解调系统仿真

【实例 4-1】在 SystemView 上仿真 AM 调制与解调通信系统，观察各关键点的波形及频谱。

解：根据 AM 调制与解调原理构建 AM 调制与解调通信系统仿真模型，如图 4-6 所示。

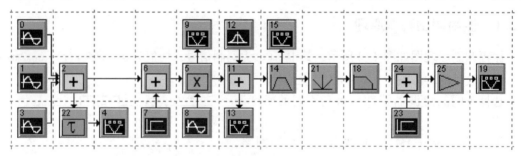

图 4-6　AM 调制解调系统仿真模型

图 4-6 中，图符 0、1 和 3 产生 3 个正弦信号，通过图符 2 相加模拟调制信号（发送信号），图符 7 产生一个直流电压，通过图符 6 与调制信号相加。加有直流的调制信号与图符 8 产生的正弦波载波相乘，产生 AM 信号。图符 12 产生高斯白噪声，与图符 11 一起仿真高斯白噪声信道。图符 14 是带通滤波器，使 AM 信号通过，滤除带外噪声。图符 21 是全波整

流器，与图符 18 低通滤波器一起完成 AM 信号的包络检波，输出解调的发送信号，由于 AM 调制在调制时加有直流成分（图符 7 和图 6），故图符 18 输出的信号中有直流成分，图符 23 产生一个负的直流电压，加到图符 18 的输出，去除包络检波器输出中的直流成分，得到接收端恢复的发送信号，但此信号与发送信号相比，幅度上有衰减、时间上有延迟，为了与发送信号对比，需要对此接收信号进行适当放大，对发送信号进行一定的延迟。主要图符的设置参数见表 4-1。

表 4-1　图符作用及参数设置

图 符 编 号	所属图符库	功　能	参 数 设 置
0	信源	产生正弦波	Source：Sinusoid Amp = 500e-3 V Freq = 10 Hz Phase = 0 deg Output 0 = Sine　t2
1	信源	产生正弦波	Source：Sinusoid Amp = 300e-3 V Freq = 6 Hz Phase = 0 deg Output 0 = Sine　t2
3	信源	产生正弦波	Source：Sinusoid Amp = 200e-3 V Freq = 2 Hz Phase = 0 deg Output 0 = Sine　t2
22	算子	时间延迟	Operator：Delay Non-Interpolating Delay = 33e-3 sec Output 0 = Delay　t4
7	信源	产生直流电压	Source：Step Fct Amp = 1 V Start = 0 sec Offset = 0 V
8	信源	产生正弦波	Source：Sinusoid Amp = 1 V Freq = 100 Hz Phase = 0 deg Output 0 = Sine　t5
12	信源	产生高斯白噪声	Source：Gauss Noise Std Dev = 0 V Mean = 0 V
14	算子	带通滤波器	Operator：Linear Sys Butterworth Bandpass IIR 3 Poles Low Fc = 80 Hz Hi Fc = 120 Hz
21	函数	全波整流	Function：Rectify Zero Point = 0 V

图符编号	所属图符库	功　能	参数设置
18	算子	低通滤波器	Operator: Linear Sys Butterworth Lowpass IIR 3 Poles Fc = 20 Hz
23	信源	产生直流电压	Source: Step Fct Amp = −640e−3 V Start = 0 sec Offset = 0 V
25	算子	增益	Operator: Gain Gain = 1.6 Gain Units = Linear

（1）观察各关键点波形。设置系统取样速率为 1000，样点数为 1000。双击图符 12，将信道中的高斯噪声设置为 0。运行系统，进入分析窗，得到 AM 调制解调系统各关键点的波形如图 4-7 所示。

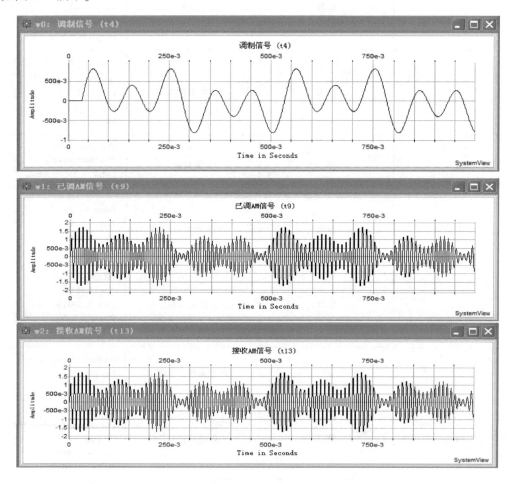

图 4-7　AM 调制解调系统关键点的波形

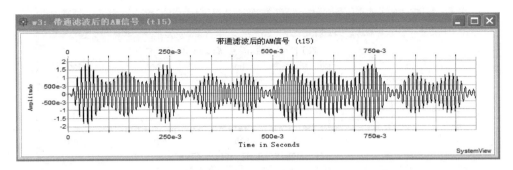

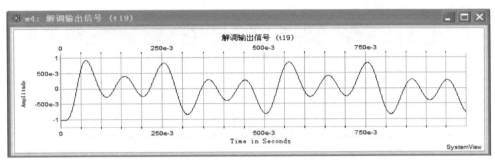

图 4-7　AM 调制解调系统关键点的波形（续）

由图 4-7 可见，输出波形去掉延迟部分后与发送波形完全一致。为能更好地对比输出与输入波形，可在分析窗中，点击 $\sqrt{\alpha}$ →Operators→Overlay Plots，按下 Ctrl 键，鼠标选中右上角框中"w0:调制信号和 w4:解调输出信号"，点击 OK 按钮，得到发送信号和接收信号重叠在一起的波形图，如图 4-8 所示，显然，两个波形图完全重叠在一起。

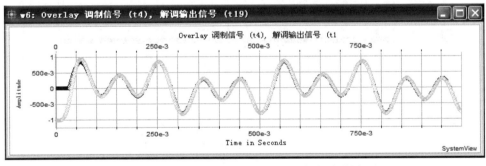

图 4-8　发送和接收波形重叠在一起的波形图

（2）观察各关键点信号的幅度谱。返回设计窗，将取样点数设为 4000，运行系统，进入分析窗，点击 更新数据。重复点击 $\sqrt{\alpha}$ →Spectrum→|FFT|，分别选择 w0、w1、w3 和 w4，得到调制信号、已调 AM 信号、带通滤波后的 AM 信号和解调输出信号的幅度谱。为使幅度谱重要区域显示得更为清晰，按下鼠标左键并拖动，选中需要放大的区域，得到如图 4-9 所示的幅度谱。

由图 4-9 可见，调制信号由 10 Hz、6 Hz 和 2 Hz 三个频率成分组成，经调制后信号谱搬移到载波频率 100 Hz 处，故 AM 信号的带宽是调制信号带宽的 2 倍。带通滤波后的信号谱与 AM 信号的幅度谱相同（噪声为 0，带通滤波器使 AM 信号完全通过），解调输出信号的幅度谱与发送信号的幅度谱相同。

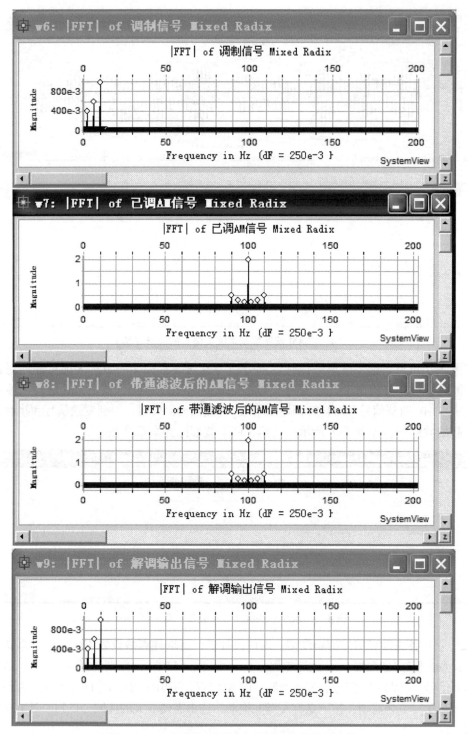

图 4-9　AM 调制解调系统各关键点信号的幅度谱

（3）观察噪声的影响。返回设计窗，将取样点数设为 1000，双击噪声图符 12，将标准差设为 0.5，运行系统，进入分析窗，更新数据，得到发送信号与解调后信号如图 4-10 所示。与图 4-9 比较，显然噪声对解调输出是有影响的。

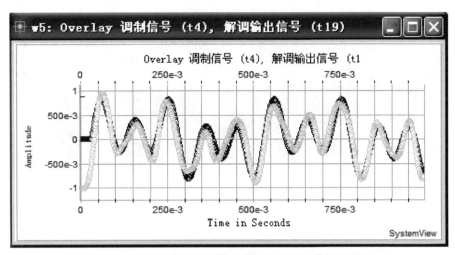

图 4-10 信道存在噪声时发送信号与解调后信号的对比

图符 14 所对应的带通滤波器的作用是使信号通过的同时滤除带外噪声。AM 信号、经信道混有噪声的接收 AM 信号及通过带通滤波器后的 AM 信号的波形如图 4-11 所示。

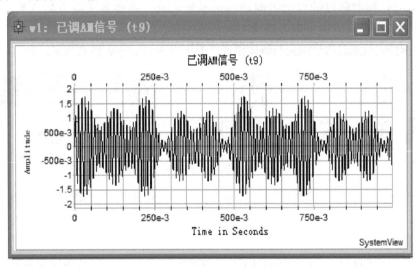

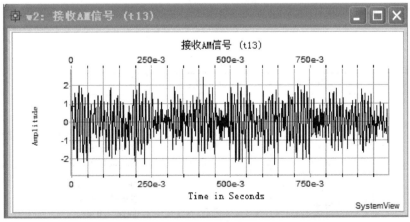

图 4-11　AM 信号、带通滤波器输入和输出端的信号波形

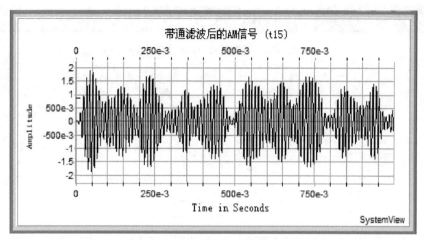

图 4-11 AM 信号、带通滤波器输入和输出端的信号波形（续）

4.2.3 DSB 调制解调系统仿真

【**实例 4-2**】抑制载波的双边带调制解调系统仿真，观察各关键点的波形及频谱变化。仔细辨听信源为语音时的输出声音随噪声大小的变化。

解：根据抑制载波双边带调制与解调原理框图构建 SystemView 仿真模型，如图 4-12 所示。

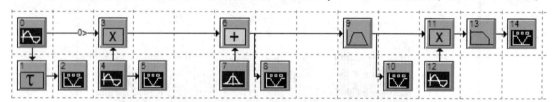

图 4-12 DSB 调制解调系统仿真模型

图符 0 产生正弦波作为调制信号，图符 1 做适当延迟是为了与接收端收到的信号进行对比。图符 3、4 完成调制，图符 6、7 仿真高斯噪声信道，图符 9 为带通滤波器，作用与 AM 仿真系统中的相同。图符 11、12 和图符 13 完成相干解调（图符 12 产生的正弦波与图符 4 产生的正弦波同频同相），低通滤波器的作用是滤除高频成分，恢复发送端发送的信号。在滤波器设计之前将系统取样速率设置为 100 kHz，样点数设置为 1000。主要图符的参数见表 4-2。

表 4-2 主要图符参数与作用

图 符 编 号	所属图符库	功　　能	参 数 设 置
0	信源	产生正弦波	Source：Sinusoid Amp = 1 V Freq = 1.5e+3 Hz Phase = 0 deg Output 0 = Sine　t3　t1
1	算子	延迟	Operator：Delay Non-Interpolating Delay =0 sec Output 0 = Delay　t2

图 符 编 号	所属图符库	功　能	参 数 设 置
4	信源	产生正弦波	Source：Sinusoid Amp = 1 V Freq = 10e+3 Hz Phase = 0 deg Output 0 = Sine　t3
7	信源	产生高斯白噪声	Source：Gauss Noise Std Dev = 0 V Mean = 0 V
9	算子	带通滤波器	Operator：Linear Sys Butterworth Bandpass IIR 3 Poles Low Fc = 6e+3 Hz Hi Fc = 14e+3 Hz
12	信源	产生正弦波	Source：Sinusoid Amp = 2 V Freq = 10e+3 Hz Phase = 0 deg Output 0 = Sine　t11
13	算子	低通滤波器	Operator：Linear Sys Butterworth Lowpass IIR 3 Poles Fc = 4e+3 Hz

（1）运行系统，进入分析窗，得到信源输出信号、DSB 信号和解调输出信号如图 4-13 所示。

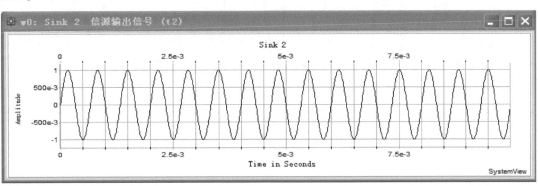

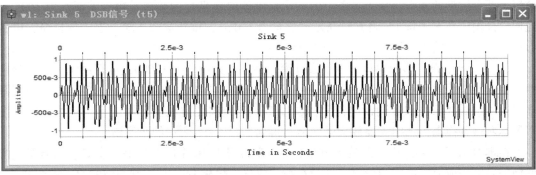

图 4-13　信源发送信号、DSB 信号和解调输出信号波形

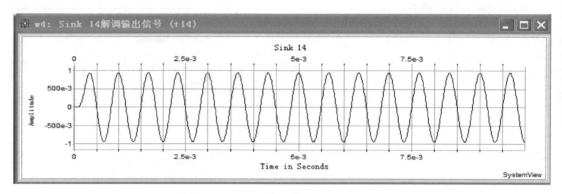

图 4-13　信源发送信号、DSB 信号和解调输出信号波形（续）

由图 4-13 可见，解调输出信号除了一定的时延外，与信源输出信号是相同的，时延是由带通滤波器和低通滤波器引起的。一种估算时间延迟的方法是：将解调输出信号与信源发送信号波形重叠显示在一张图上，通过调整图符 1 的时间延迟，使两个波形图在时间上对齐。点击 √α →Overlay Plots，选择 w0:信源输出信号和 w4:解调输出信号，点击 OK 按钮得到如图 4-14 所示的输入和输出波形重叠图。

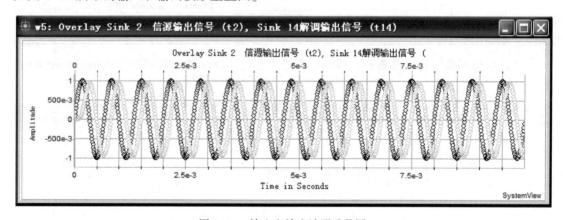

图 4-14　输入和输出波形重叠图

显然，图 4-14 中的两个波形在时间上没有对齐，在分析窗中局部放大波形，鼠标分别放置于两个波形的顶点，从工具条上的显示窗中读取横坐标的数值，得到差值约为 160 μs。返回设计窗，双击图符 1，将其时间延迟设置为 160 μs，重新运行系统，进入分析窗，更新数据，得到输入输出波形重叠图如图 4-15 所示。

（2）关闭重叠波形图窗口，返回设计窗，将样点数设置为 10000，运行系统，进入分析窗，更新数据。重复点击 √α →Spectrum→│FFT│，分别选择 w0、w1、w3 和 w4，得到信源输出信号、DSB 信号和解调输出信号的幅度谱。为使幅度谱重要区域显示得更为清晰，按下鼠标左键并拖动，选中需要放大的区域，得到如图 4-16 所示的幅度谱。

在本 DSB 调制系统中，载波为 10000 Hz。观察图 4-16 中的 DSB 信号频谱，只有两边由调制信号频谱成分组成的边带谱，并没有载波成分，故称 DSB 是抑制载波的双边带调制。

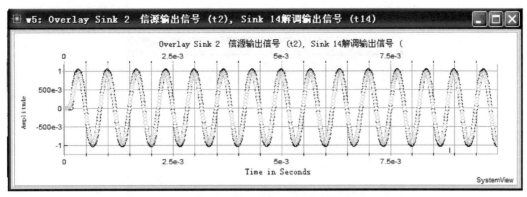

图 4-15　输入和输出波形重叠图

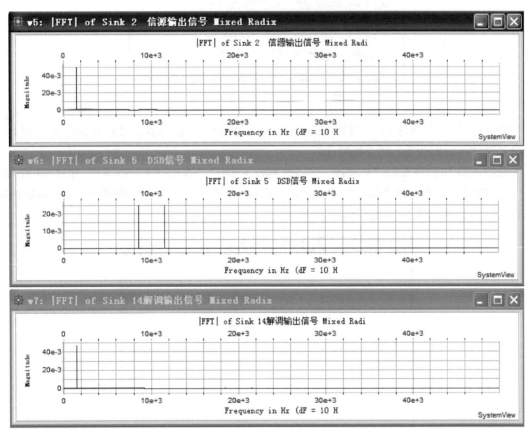

图 4-16　放大后的幅度谱

（3）返回设计窗，对仿真系统稍做修改。

双击信源图符 0，更改为 "Import"，选择 "WAV 1ch"，点击 "Parameter" 和 "Select File…"，选择作为信源的语音文件 "VoiceIn"，打开文件，得到如图 4-16 所示的语音文件参数设置窗，从中可以看到此数字语音文件的数据速率为 24000 Hz（语音信号的带宽约为 4000 Hz）。仿真系统取样速率应取语音文件数据速率的整数倍，本仿真系统中取样速率为 96000 Hz，是信源输出语音数据速率的 4 倍，即语音信号的两个数据之间需要插入 3 个数据，插入的数据可以是 0 也可以是前一个信源数据。本仿真实例中这 3 个数据使用它们之前的语音数据，故有关参数设置如图 4-17 所示。

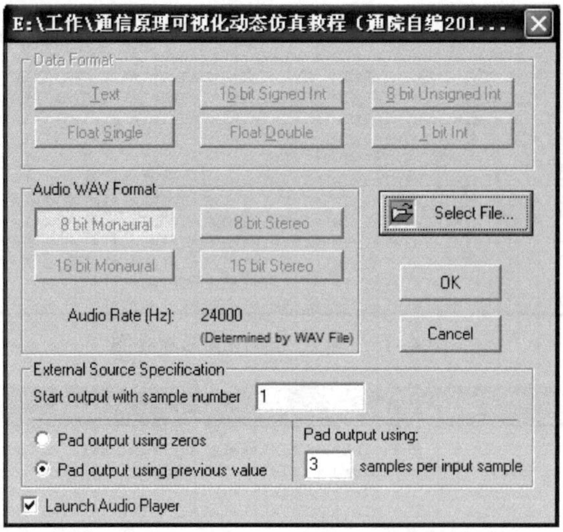

图 4-17　语音文件参数设置窗

断开图符 14 和图符 13 之间的连线，在两者间增加一个取样器，设置其取样速率等于信源语音文件的数据速率，即 24000 Hz。

双击图符 14，更改为"Export"，选择"WAV 1ch"，点击"Parameter"和"Select File…"，选择或建立作为语音输出的文件"4-2output"，打开文件，得到如图 4-18 所示的输出语音文件设置窗，点击"OK"按钮即可。

图 4-18　输出语音文件设置窗

删除图符 1 和图符 2，在信源输出端和低通滤波器输出端各增加一个信宿。得到修改后的仿真模型，如图 4-19 所示。

（4）设置系统定时，将"Stop Time"设置为 1.34 s，因为信源输出语音长度为 1.34 s。运行系统，弹出信源输出语音和解调输出语音播放器，如图 4-20 所示。

分别点击两个播放器的放音键，辨听信源发送语音信号和 DSB 解调输出语音信号，两者一样吗？

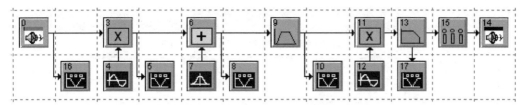

图 4-19　语音信号的 DSB 系统仿真模型

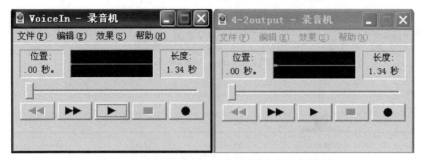

图 4-20　信源输出语音和解调输出语音播放器

进入分析窗，更新数据，叩以看到各关键点的波形图和频谱图分别如图 4-21 和图 4-22 所示。

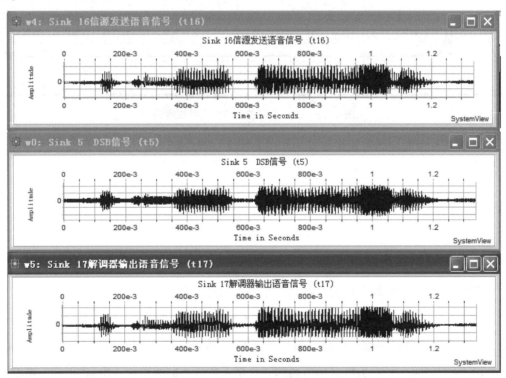

图 4-21　DSB 系统各关键点波形

（5）返回设计窗，双击图符 7，将噪声标准差设为 0.5，运行系统，辨听信源发送语音信号和 DSB 解调输出语音信号，有何差别？继续加大噪声，如将标准差设为 1、2 等，反复运行系统，并仔细辨听发送语音信号和解调输出语音信号的变化。从中能得到什么结论？

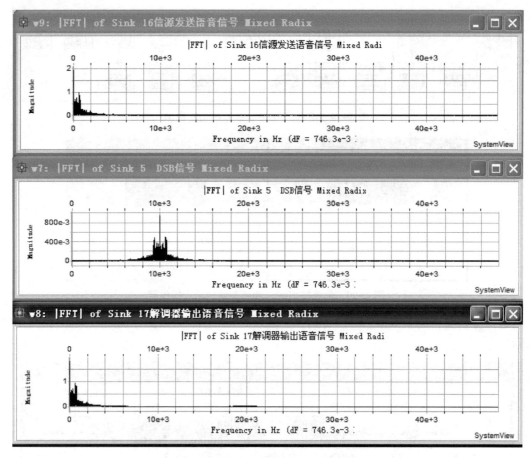

图 4-22　DSB 系统各关键点信号幅度谱

（6）图符 9 所对应的带通滤波器的作用是什么？若去掉图符 9，对解调输出信号有何影响？试验证之。

4.3　频率调制

4.3.1　频率调制基本原理

调制信号为 $m(t)$ 的频率调制（调频）信号的表达式为

$$s_{\mathrm{FM}}(t) = A\cos\left[2\pi f_c t + K_f \int_{-\infty}^{t} m(\tau)\,\mathrm{d}\tau\right]$$

式中，A 是载波的恒定幅度；f_c 是载波频率；K_f 是常数，称为调频灵敏度，单位是弧度/（秒·伏）；$K_f \int_{-\infty}^{t} m(\tau)\,\mathrm{d}\tau$ 为瞬时相位偏移，其最大值称为调频指数，用 m_f 表示，根据调频指数的大小将调频分为窄带调频和宽带调频。

产生调频信号通常有两种方法，即直接法和间接法。

在直接法中采用压控振荡器（Voltage-Controlled Oscillator，VCO）作为产生调频（FM）信号的调制器，使压控振荡器的输出瞬时频率正比于所加的控制电压，即随调制信号 $m(t)$

的变化而线性变化，如图 4-23 所示。

间接法也称为倍频法，首先产生窄带调频信号，然后再利用倍频的方法将窄带调频信号变换为宽带调频信号，原理图如图 4-24 所示。

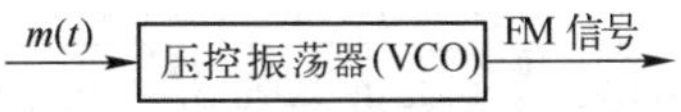

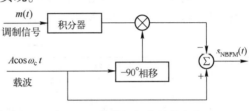

图 4-23　直接调频法原理图 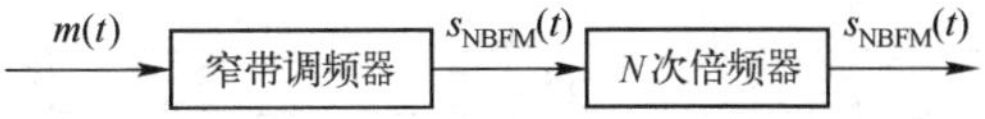　　　　图 4-24　间接调频法原理框图

当 $\left| K_f \int_{-\infty}^{t} m(\tau)\,\mathrm{d}\tau \right|_{\max} \ll \dfrac{\pi}{6}$（或 0.5）时，调频信号称为窄带调频，窄带调频信号的表达式可近似为

$$s_{\mathrm{NBFM}}(t) \approx A\cos\omega_c t - \left[AK_f \int_{-\infty}^{t} m(\tau)\,\mathrm{d}\tau \right]\sin\omega_c t$$

故窄带调频信号可用图 4-25 所示的原理框图来实现。

调频信号有相干解调和非相干解调两种方法。相干解调只适用于窄带调频信号，且需要同步载波，故设备相对较复杂；非相干解调既适用于窄带调频信号也适用于宽带调频信号，而且不需要同步载波，因此它是调频信号的主要解调方法。

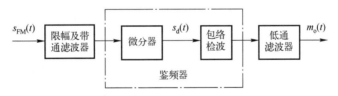

图 4-25　窄带调频信号的产生

调频信号非相干解调原理框图如图 4-26 所示。微分器的输出为

$$s_{\mathrm{d}}(t) = -A\left[2\pi f_c + K_f m(t) \right]\sin\left[2\pi f_c t + K_f \int_{-\infty}^{t} m(\tau)\,\mathrm{d}\tau \right]$$

这是一个包络和频率均含有调制信号的调幅调频信号，用包络检波器检出其包络，再滤去直流后，可得到正比于调制信号的输出

$$m_{\mathrm{o}}(t) = K_{\mathrm{d}} K_f m(t)$$

式中，K_{d} 为鉴频器灵敏度。

图 4-26　鉴频器特性及调频信号非相干解调器

由于解调过程中使用了包络检波器，故也称之为包络解调器。由于包络检波器对于由信道噪声和其他原因引起的幅度起伏较为敏感，为此，需要在微分器前加一个限幅器和带通滤波器。限幅器的作用是消除调频波在传输过程中引起的幅度变化，使它变成固定幅度的调频波；带通滤波器的作用是滤除带外噪声。

4.3.2　带宽调频系统仿真

【实例 4-3】以单音调制信号为例仿真宽带调频传输系统。设单音信号是频率为 4 Hz、幅度为 1 V 的余弦信号；载波是幅度为 1 V、频率为 200 Hz 的余弦波；调制指数 $m_f = 15$。

解： 根据前述调频原理构建 SystemView 仿真模型如图 4-27 所示。

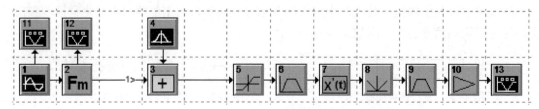

图 4-27　调频系统仿真模型

其中，图符 1 产生余弦波作为调制信号。图符 2 产生调频信号，其参数 "Mod Gain"（调制增益）乘以 2π 即为调频灵敏度，即 $K_f = 2\pi \times (ModGain)$。图符 3 和图符 4 仿真高斯白噪声信道。图符 5 为限幅器，图符 6 为带通滤波器，图符 7 为微分器，图符 8 为全波整流器。整流后经低通滤波即可完成包络检波，但由于调频信号包络检波得到的信号中含有直流分量，为了同时将直流分量滤除，故在全波整流后使用了带通滤波器，滤除直流分量，输出解调信号。各主要图符的参数见表 4-3。

表 4-3　各主要图符的参数

图符编号	所属图符库	作用	参数设置
1	信源	产生单音调制信号	Amp = 1 V Freq = 4 Hz Phase = 0 deg Output 1 = Cosine　t2　t11
2	函数	产生调频信号	Amp = 1 V Freq = 200 Hz Phase = 0 deg Mod Gain = 60 Hz/V Output 1 = In-Phase（Cos）　t3　t12
4	信源	产生高斯白噪声	Std Dev = 0 V Mean = 0 V
5	函数	限幅	Max Input = ±1 V Max Output = ±1 V
6	算子	带通滤波	Butterworth Bandpass IIR 3 Poles Low Fc = 136 Hz Hi Fc = 264 Hz
7	算子	微分	Gain = 1
8	函数	整流	Zero Point = 0 V
9	算子	带通滤波	Butterworth Bandpass IIR 3 Poles Low Fc = 3 Hz Hi Fc = 5 Hz
10	算子	增益	Gain = 6e-3

（1）观察调制解调波形。在滤波器设计之前已将系统取样速率设为 1000，再将样点数设为 1000。运行系统，在设计窗中即可看到单音调制波形、宽带调频（WBFM）信号及解调输出波形如图 4-28 所示。

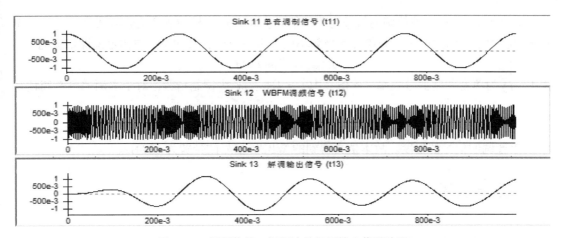

图 4-28　调制信号、调频波及解调输出信号波形

从图 4-28 可见，调频波的频率随调制信号变化，当调制信号大时，调频波的频率就高，当调制信号小时，调频波的频率就低。解调输出信号与调制信号相比，除了滤波器等系统部件引起的时延和少量失真，两者基本一致。

（2）观察调制前后信号频谱的变化。将系统样点数设为 4000，重新运行系统，进入分析窗，更新数据。点击 √α ，再点击 "Spectrum" 中的 |FFT| ，选择 w0 窗，求得单音调制信号的幅度谱。用同样方法，选择 w1 窗，求得 WBFM 信号的幅度谱。如图 4-29 所示。

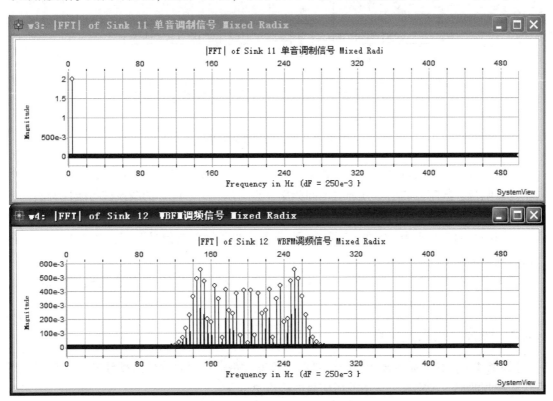

图 4-29　单音调制信号与 WBFM 信号幅度谱

由图 4-28 可见，即使调制信号为单音信号，WBFM 信号的频谱也含有无穷多个对称分布于载波频率值两边的间隔为单音信号频率值的频率成分，其功率集中的范围即带宽为

$$B_{\mathrm{WBFM}}=2(m_{\mathrm{f}}+1)f_{\mathrm{m}}$$

式中，f_{m} 为单音调制信号频率，此仿真中 $f_{\mathrm{m}}=4\mathrm{Hz}$；$m_{\mathrm{f}}$ 为调制指数，对于本例中单音调频有

$$m_{\mathrm{f}}=\frac{A_{\mathrm{m}}K_{\mathrm{f}}}{2\pi f_{\mathrm{m}}}=\frac{1\times60\times2\pi}{2\pi\times4}=15$$

A_{m} 为单音调制信号的幅度。故本仿真得到的 WBFM 信号的带宽为 128 Hz。

4.4　频分复用

4.4.1　频分复用原理

将多路独立信号在同一信道中传输称为多路复用，多路复用形式有多种。在频分复用系统中，信道的可用频带被划分成若干个相互不重叠的频段，每路信号占据其中的一个频段传送，在接收端用适当的带通滤波器将多路信号分开，分别进行解调和终端处理。原理框图如图 4-30 所示。

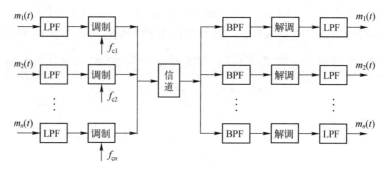

图 4-30　频分复用原理框图

有 n 路基带信号进行复用，由于各个支路信号往往不是严格的带限信号，因此首先经低通滤波器限带，限带后的信号分别对不同频率（f_{c1}、f_{c2}、$\cdots$、f_{cn}）的载波进行线性调制，将各路信号的频谱搬移到各自的频段内，然后相加形成频分复用信号后送往信道传输。在接收端首先用中心频率分别为 f_{c1}、f_{c2}、$\cdots$、f_{cn} 的带通滤波器将各路信号分开，各路信号再由各自的解调器解调后经低通滤波器输出。

图 4-29 中的频率 f_{c1}、f_{c2}、$\cdots$、f_{cn} 称为副载波，调制方式可以是任意的模拟调制方式，但为了节省频带，最常用的是 SSB 调制。

4.4.2　频分复用系统仿真

【实例 4-4】仿真频分复用系统。要求：实现三路带宽相同信号的频分复用，观察三路发送和接收波形，考察频分复用前后信号的幅度谱变化。

解：用 3 个相同的扫频范围为 0~80 Hz 的扫频信号作为发送信号，由于此发送信号已是带限信号，故省去了发送端对每路信号的低通滤波器。三个副载波分别为 1000 Hz、2000 Hz

和 3000 Hz。三个带通滤波器的频带范围分别为 880～1120 Hz、1880～2120 Hz 和 2880～3120 Hz。接收端三个低通滤波器的带宽均为 120 Hz。根据图 4-30 所示的频分复用系统原理框图构建仿真模型如图 4-31 所示。

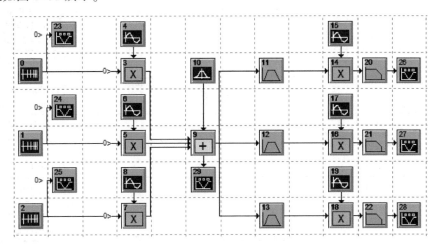

图 4-31　频分复用系统仿真模型

主要图符的参数见表 4-4 。在设计滤波器之前，根据仿真模型中信号的最高频率，将系统取样速率设置为 24000 Hz。

表 4-4　主要图符参数与作用

图 符 编 号	所属图符库	主 要 作 用	参　　　数
0	信源	产生扫频信号	Amp = 1 V Start Frq = 0 Hz Stop Frq = 80 Hz Period = 100e−3 sec Phase = 0 deg
4	信源	产生余弦载波	Amp = 1 V Freq = 1e+3 Hz Phase = 0 deg Output 1 = Cosine　t3
6	信源	产生余弦载波	Amp = 1 V Freq = 2e+3 Hz Phase = 0 deg Output 1 = Cosine　t5
8	信源	产生余弦载波	Amp = 1 V Freq = 3e+3 Hz Phase = 0 deg Output 1 = Cosine　t7
10	信源	产生高斯白噪声	Std Dev = 0 V Mean = 0 V
11	算子	带通滤波	Analog Butterworth Bandpass 3 Poles Low Fc = 880 Hz Hi Fc = 1. 12e+3 Hz
12	算子	带通滤波	Analog Butterworth Bandpass 3 Poles Low Fc = 1880 Hz Hi Fc = 2. 12e+3 Hz

图 符 编 号	所属图符库	主 要 作 用	参　　　数
13	算子	带通滤波	Analog Butterworth Bandpass 3 Poles Low Fc = 2880 Hz Hi Fc = 3. 12e+3 Hz
15	信源	产生余弦载波	Amp = 1 V Freq = 1e+3 Hz Phase = 0 deg Output 1 = Cosine　t14
17	信源	产生余弦载波	Amp = 1 V Freq = 2e+3 Hz Phase = 0 deg Output 1 = Cosine　t16
19	信源	产生余弦载波	Amp = 1 V Freq = 3e+3 Hz Phase = 0 deg Output 1 = Cosine　t18
20	算子	低通滤波	Analog Butterworth Lowpass 3 Poles Fc = 120 Hz

（1）观察发送和接收信号波形。将系统样点数设为 12000，运行系统，进入分析窗，得到三路发送波形和三路输出波形分别如图 4-32 和图 4-33 所示。由图可见，接收信号与发送信号相比，基本没有失真。

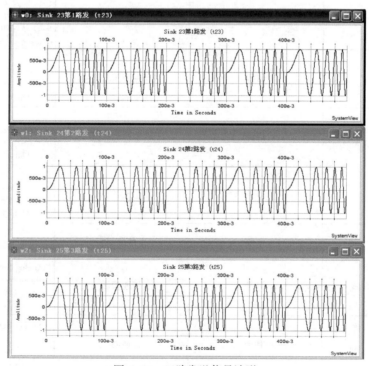

图 4-32　三路发送信号波形

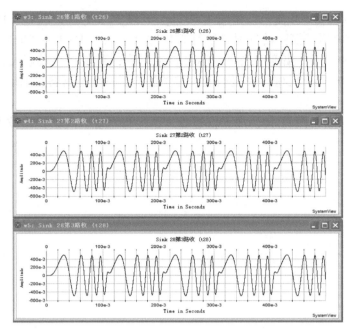

图 4-33   三路接收信号波形

（2）考察发送信号和频分复用信号的幅度谱。在分析窗中，点击 √ɑ，再点击 "Spectrum" 中的 | FFT |，选择 w0：第 1 路发送信号，求得单路发送信号幅度谱。用同样方法，选择 w6：频分复用信号，求得频分复用信号的幅度谱。如图 4-34 所示。由图可见，单

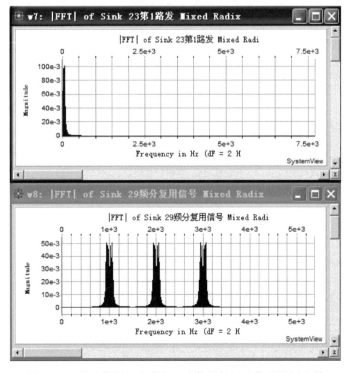

图 4-34   单路信号幅度谱与三路信号复用后信号的幅度谱

路发送信号的幅度谱在零频附近，带宽为 80 Hz。三路发送信号经频率为 1000 Hz、2000 Hz 和 3000 Hz 载波调制后，幅度谱分别搬移到了 1000 Hz、2000 Hz 和 3000 Hz，只要载波频率之间的间隔足够大，三个幅度谱之间就不会发生重叠，到了接收端就可以用中心频率分别为 1000 Hz、2000 Hz 和 3000 Hz 的带通滤波器滤出，进而进行各自的解调，恢复相应的信号。

（3）读者可以双击图符 10，加入信道噪声，运行系统，观察输出波形随噪声大小的变化。

第5章　数字基带传输

5.1　概述

数字通信系统的任务是传输数字信息。数字信息可能来自计算机、数码摄像机等各种数字设备，也可能由模拟语音信号转换而来。与这些数字信息对应的电信号的频谱通常集中在零频（直流）或某个低频附近，称为数字基带信号。在某些有线信道中，特别是传输距离不太远的情况下，如以太网（Ethernet）、数字用户线中，数字基带信号可以直接传输，这种传输方式称为数字信号的基带传输，简称为数字基带传输。数字基带传输系统的框图如图5-1所示。

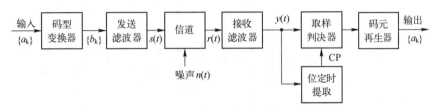

图 5-1　数字基带传输系统框图

数字基带传输系统主要由码型变换器、发送滤波器、信道、接收滤波器、位定时提取电路、取样判决器和码元再生器组成。码型变换器改变输入信号的码型，使其适合信道传输；发送滤波器也称为波形变换器，它变换输入信号的波形，使其适合信道传输；信道为适合低通信号传输的低通信道，信号通过信道会产生失真且还会受到噪声干扰；接收滤波器滤除带外噪声且校正（均衡）接收信号的失真；取样判决器在位定时信号控制下对信号取样，并对含有失真和噪声的取样值做出判决；码元再生器完成译码（与码型变换器功能相反）并产生所需要的数字基带信号形式。

5.2　数字基带信号的码型

数字信息的表示方式称为数字基带信号的码型。不同码型的数字基带信号具有不同的频谱结构，实际应用中需要根据数字基带传输系统的具体要求选择合适的码型。

5.2.1　常用码型

数字基带信号的常用码型有：单极性全占空码（不归零码）、单极性归零码（半占空码是归零码的一种）、双极性全占空码（不归零码）、双极性归零码、差分码、极性交替码（AMI 码）、3 阶高密度双极性码（HDB3 码）、多进制码等。

单极性全占空码：用宽度等于码元宽度的正脉冲表示"1"码，用零电平表示"0"码。

单极性归零码：用宽度小于码元宽度的正脉冲表示"1"码，用零电平表示"0"码。当脉冲宽度等于码元宽度一半时称为单极性半占空码。

双极性全占空码：用宽度等于码元宽度的正负脉冲分别表示"1"码和"0"码。

双极性归零码：用宽度小于码元宽度的正负脉冲分别表示"1"码和"0"码。当脉冲宽度等于码元宽度一半时称为双极性半占空码。

差分码：用表达式 $b_n = a_n \oplus b_{n-1}$ （$n = 1$，2，3，……）求原数字信息 a_n 的差分码 b_n，b_0 可设为 0 或 1。

极性交替码（AMI 码）：信息中的"0"码用零电平表示，"1"码则交替地用正、负脉冲表示。

信息为 101100101 时的几种常用码型示意图如图 5-2 所示。

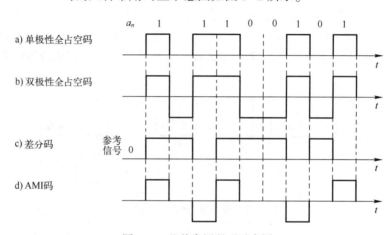

图 5-2　几种常用码型示意图

HDB3 码是 AMI 码的改进码型，其编码则稍复杂。

（1）当信息码的连"0"个数不大于 3 时，其编码方法与 AMI 码相同。

（2）当连"0"个数超过 3 时，每 4 个连"0"段用"000 V"或"100 V"来代替。规则为：

① 第一个 4 连"0"段可任意选择 000 V 或 100 V 代替。

② 对于第二个及以后的 4 连"0"段，若前一个"V"至当前连"0"段之间"1"码的个数为奇数，则当前连"0"段用"000 V"来代替，否则，用"100 V"来代替。

（3）对"1"码和"V"码标极性。方法为：

① 所有"1"码极性交替。第一个"1"码的极性可任意。

② 所有"V"码极性交替。第一个"V"码的极性必须与前一个"1"码同极性。

上述"V"码和"1"码在波形上没有区别，例如，"+V"和"+1"都代表正脉冲；"-V"和"-1"都代表负脉冲。

由于第一个 4 连"0"用"000 V"还是"100 V"来代替是任意选取的，第一个"1"码的极性也是任意的，因此给定信息的 HDB3 码不是唯一的。

72

5.2.2 常用码型及其功率谱仿真

【**实例5-1**】仿真实现单/双极性全占空码和归零码编码器，并分析这些码型的功率谱特点及带宽。

解： 根据所要求码型的编码原理构建 SystemView 仿真模型，如图5-3所示。

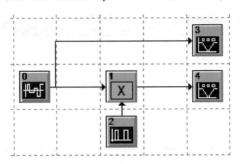

图5-3 实例5-1仿真模型

图符0产生二进制矩形随机序列，通过对其偏移值的设置可得到单极性和双极性码序列，图符2产生周期矩形脉冲序列，通过调整其脉冲宽度，使图符1输出为归零码。所以，当将图符0设置为单极性信号时，图符3接收到单极性全占空矩形脉冲，图符4接收到单极性归零矩形脉冲序列；当将图符0设置为双极性信号时，图符3和图符4分别接收到双极性全占空和归零矩形脉冲信号。若将图符2的脉冲宽度设置为图符0所产生码元宽度的一半时，图符4接收到的归零码为半占空码。主要图符初始设置参数见表5-1（归零码为半占空码）。

表5-1 图符参数

图 符 编 号	所属图符库	作　　用	参 数 设 置
0	信源	产生二进制随机序列	Amp = 500e-3 V Offset = 500e-3 V Rate = 10 Hz Levels = 2 Phase = 0 deg
2	信源	产生周期矩形脉冲序列	Amp = 1 V Freq = 10 Hz PulseW = 50e-3 sec Offset = 0 V Phase = 0 deg

（1）观察单极性全占空码和单极性半占空码波形。将系统取样速率设为1000，样点数设为1000，可观察10个（1 s）二进制码元。运行系统，进入分析窗，点击 📇 打开所有窗口，得到如图5-4所示的单极性全占空码和单极性半占空码波形。

由图5-4可见，两个波形均为单极性的。从全占空脉冲序列波形读出信源产生的10个二进制码元为0101110110（信源码元速率设为10 Hz，故每个码元宽度为0.1 s）。在半占空脉冲序列波形中可以看到，每个码元在其宽度一半的位置幅度都回到0。

（2）观察单极性全占空码和单极性半占空码的功率谱。将系统样点数设为40000，运行

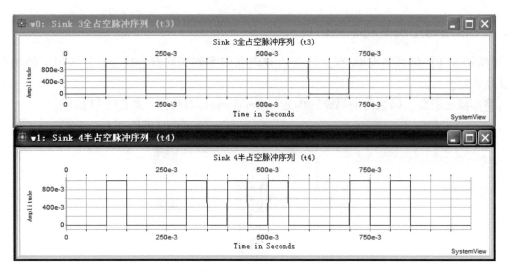

图 5-4　单极性全占空码/单极性半占空码波形

系统，进入分析窗，更新数据。点击$\sqrt{\alpha}$→Spectrum→$|\text{FFT}|^2$，选择 w0，得到单极性全占空码的功率谱。重复上述过程，选择 w1 得到单极性半占空码的功率谱。如图 5-5 所示（由于离散分量较大，连续谱部分幅度相对较小，其变化不易看清，故进行了局部放大）。

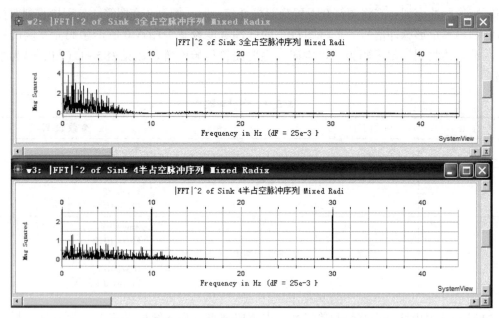

图 5-5　单极性全占空和半占空矩形码元序列的功率谱

由图 5-5 可见，单极性全占空随机矩形脉冲序列含有直流成分（频率为 0 的成分），其功率谱有等间隔的零点，第一个零点位置频率为 10 Hz，等于随机序列的码元速率。而半占空矩形脉冲序列除了含有直流成分，还含有 10 Hz、30 Hz、50 Hz、……离散谱，功率谱也有等间隔的零点，第一个零点位置的频率为 20 Hz，是其码元速率的 2 倍。故若用第一个零点频率值作为信号的带宽，半占空矩形随机码元序列的带宽是全占空矩形随机码元序列带宽的

2倍。

（3）观察双极性全占空码和双极性半占空码波形。双击图符 0，将其幅度（Amplitude）改为 1 V，偏移（Offset）改为 0。将系统取样速率设为 1000，样点数设为 1000，可观察 10 个（1 s）二进制码元。运行系统，进入分析窗，点击 📇 打开所有窗口，得到如图 5-6 所示的双极性全占空码和双极性半占空码波形。

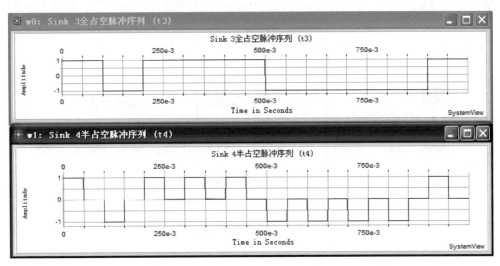

图 5-6　双极性全占空码/双极性半占空码波形

（4）观察双极性全占空码和双极性半占空码的功率谱。将系统样点数设为 40000，运行系统，进入分析窗，更新数据。得到双极性全占空码和双极性半占空码矩形脉冲序列的功率谱，如图 5-7 所示（进行了局部放大）。

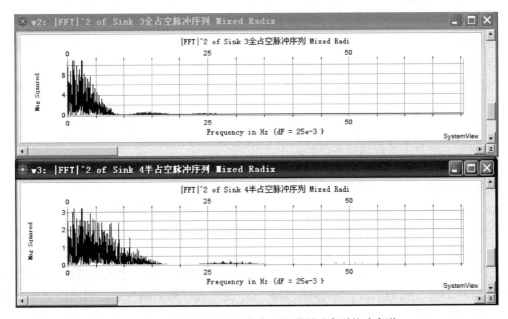

图 5-7　双极性全占空和半占空矩形码元序列的功率谱

由图 5-7 可见，双极性全占空码和双极性半占空码的功率谱中均不含有离散分量，只有连续谱部分，连续谱有等间隔的零点，全占空码的第一个零点位置频率为 10 Hz，等于其码元速率，半占空码的第一个零点位置频率为 20 Hz，等于其码元速率的 2 倍，故传输半占空码信号需要更多的信道带宽。

【实例 5-2】 仿真实现 AMI 码编码器，并求其功率谱。

解： 根据 AMI 码编码规则在 SystemView 仿真平台上构建 AMI 编码器，如图 5-8 所示。

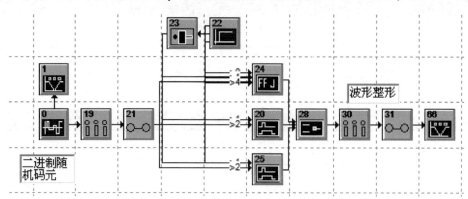

图 5-8   AMI 码编码器仿真电路

各图符作用及参数：

图符 0：产生二进制随机码元序列，单极性，幅度为 1 V，码元速率为 10 Baud。

图符 19：取样器，取样速率等于图符 0 输出码元速率。

图符 21：保持器，保持 0 值。

图符 22：产生直流电压，幅度为 1 V。

图符 23：反相器，和图符 22 一起产生高低电平，用于控制图符 20、24 和 25 工作。

图符 24：JK 触发器，作为二进制计数器，每输入一个时钟脉冲，状态转变一次。

图符 20：单稳态触发器，信源每输出一个 "1" 码，就产生一个宽度等于码元宽度的正矩形脉冲。

图符 25：单稳态触发器，信源每输出一个 "1" 码，就产生一个宽度等于码元宽度的负矩形脉冲。

图符 28：二选一数据选择器，从图符 20 和图符 25 输出中选择一路输出，选择哪一路输出则由图符 24 计数器的输出来控制。

图符 30：取样器，取样速率等于图符 0 输出码元速率。

图符 31：保持器，保持最后一个值。

（1）观察 AMI 码。将系统取样速率设为 1000 Hz，样点数设为 2000，运行系统，进入分析窗，更新数据，打开所有窗口，可看到信源输出二进制码序列和其对应的 AMI 码序列，如图 5-9 所示。

（2）观察 AMI 码幅度谱。将样点数设置为 40000，运行系统，进入分析窗，更新数据。点击 √α →Spectrum→ |FFT|，选择 w0，得到二进制码元序列的幅度谱。用同样方法，选择 w1，得到 AMI 码序列的幅度谱。两个幅度谱图如图 5-10 所示（二进制码序列的幅度谱进行了幅度放大）。

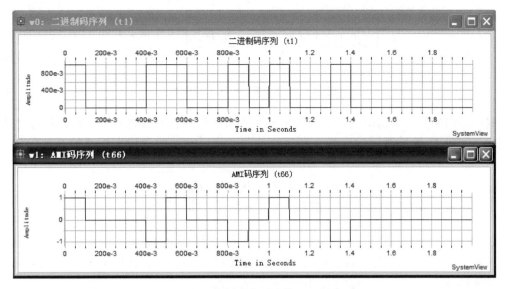

图 5-9　二进制码序列及其 AMI 码序列

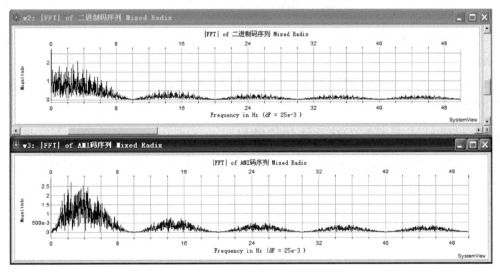

图 5-10　二进制码序列及其对应的 AMI 码序列的幅度谱

由图 5-10 可见，此二进制码序列由于是单极性信号，故含有直流电压成分，幅度谱具有等间隔的零点，第一个零点位置的频率为 10 Hz，等于其码元速率，其主要频率成分集中在零频附近。AMI 码不含有直流分量，也有等间隔的零点，第一个零点位置的频率也为 10 Hz，等于其码元速率，但是其主要频率成分不是集中在零频附近，而是集中在码元速率的 0.4~0.6 倍的频率区间内，零频附近的分量很小，故更适合在低通信道中传输。

5.3　数字基带传输系统的码间干扰及抗噪声性能

若仅从信号传输的角度看，图 5-1 所示的数字基带传输系统框图可简化为如图 5-11 所示的模型。

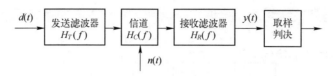

图 5-11　数字基带传输系统模型

$d(t)$ 是码型变换器输出的数字基带信号，不失一般性，同时也便于分析，通常将 $d(t)$ 模型化为间隔 T_s 的冲激脉冲序列。发送滤波器、信道和接收滤波器构成的系统的传输特性为

$$H(f) = H_T(f) \cdot H_C(f) \cdot H_R(f)$$

由于信道等效为低通滤波器，故数字基带系统是个带限系统，其冲激响应为

$$h(t) = F^{-1}[H(f)] = \int_{-\infty}^{\infty} H(f) e^{j2\pi ft} df$$

这是一个时间上无限扩展的信号，当输入冲激序列 $d(t)$ 时，输出 $y(t)$ 由一系列间隔为 T_s 的冲激响应叠加而成，考虑到信道噪声的影响，则 $y(t)$ 为

$$y(t) = \sum_{k=-\infty}^{\infty} b_k h(t-kT_s) + n_R(t)$$

式中 b_k 为第 k 个输入脉冲的幅度，它是一个随机变量，与所传送信息 a_k 和所采用的码型都有关。如为单极性码，则 b_k 有 0、+1 两种取值；若为双极性码，则 b_k 有 +1、−1 两种取值；当为 AMI 码时，则 b_k 有 +1、−1、0 三种取值。$n_R(t)$ 是接收滤波器输出端的噪声。

接收端通过对 $y(t)$ 取样判决来恢复发送端发送的信息，影响判决正确性的主要因素是码间干扰和噪声。

5.3.1　带限信道无码间干扰系统传输特性

码间干扰是指前面码元的接收波形蔓延到后续码元的时间区域，从而对后续码元的取样判决产生干扰，如图 5-12 所示。若在 $t=t_3$ 时对第三个码元进行取样判决，取样值为 $a_1+a_2+a_3$，其中 a_1+a_2 是第一、二个码元蔓延到第三个码元取样时刻的值，这个值就是码间干扰，它会对第三个码元的判决产生影响。

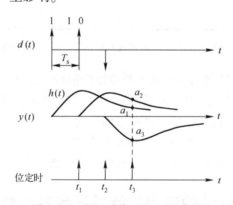

图 5-12　码间干扰（ISI）示意图

可见，要想消除码间干扰的影响，必须在每个码元的取样时刻，其他码元的取样值为 0，故需要合理设计系统传输特性 $H(f)$，使系统冲激响应满足：

$$h(nT_s) = \begin{cases} \text{不为零的常数}, & n=0 \\ 0, & n\neq 0 \end{cases}$$

即冲激响应在本码元取样时刻不为零，而在其他码元的取样时刻均为零，这时系统就是无码间干扰的。

无码间干扰传输特性有很多，升余弦滚降传输特性是最典型的无码间干扰系统传输特性，三种常用滚降系数对应的传输特性及其冲激响应如图5-13所示。

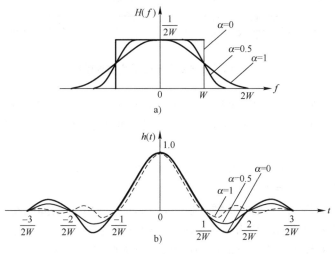

图5-13 不同 α 值对应的传输特性及冲激响应

a) 传输特性　b) 冲激响应

当 $\alpha=0$ 时，对应理想低通特性，其无码间干扰速率为：

$$R_s = \frac{2W}{k}(k=1,2,3,\cdots) \qquad \text{Baud}$$

当 $\alpha=1$ 时，对应升余弦传输特性，其无码间干扰速率为

$$R_s = \frac{2W}{k}(k=2,3,4,\cdots) \qquad \text{Baud}$$

当 $0<\alpha<1$ 且带宽为 B 时，其无码间干扰速率为

$$R_s = \frac{2B}{(1+\alpha)k}(k=1,2,3,\cdots) \qquad \text{Baud}$$

滚降系数 α 越小，系统的频带利用率越高，其冲激响应拖尾的振荡幅度越大、衰减就越慢；反之，α 越大，系统的频带利用率越低，其冲激响应拖尾的振荡幅度就越小、衰减就越快。为了减小取样定时脉冲误差所带来的影响，滚降系数 α 不能太小，通常选择 $\alpha\geqslant0.2$。

5.3.2　带限信道无码间干扰系统仿真

【实例5-3】建立一个数字基带传输系统的 SystemView 仿真模型。观察码间干扰及噪声在眼图上的体现。

解：眼图常被用来定性估计码间干扰及噪声对接收性能的影响，并借助眼图对电路进行调整。

将接收滤波器输出波形接到示波器的 Y 轴上，设置示波器的水平扫描周期等于码元宽

度的整数倍，再调整示波器的扫描开始时刻，使它与接收波形同步，接收波形就会在示波器的显示屏上重叠起来，显示出像眼睛一样的图形，这个图形就是眼图。

依据仿真要求，构建从数字信源至接收滤波器的数字基带传输系统仿真模型如图 5-14 所示。

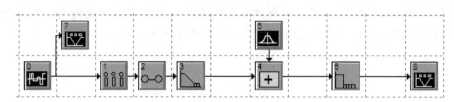

图 5-14　数字基带传输系统仿真模型

图符 0：产生码元速率为 10Baud、幅度为 1 V 的双极性二进制数字信号。

图符 1、2：以 10 Hz 的速率对数字基带信号进行取样并保持（保持 0），将信号转换成冲激序列。

图符 3：升余弦滤波器，滚降开始处的频率为 5 Hz，滚降结束处的频率为 15 Hz，等效带宽为 10 Hz，其滚降系数 $\alpha = 0.5$。

图符 6：接收滤波器，它是一个截止频率为 16 Hz 的 FIR 低通滤波器。

可见，整个系统的传输特性为图符 3 所对应的升余弦特性，整个系统是个无码间干扰的系统，最大无码间干扰速率为 20Baud，10 波特也是无码间干扰速率。

图符 4、5：模拟加性高斯白噪声信道。

（1）观察无码间干扰无噪声时的眼图

首先观察没有干扰时的眼图。双击高斯噪声图符 5，选择参数按钮，将噪声的标准差（Std Deviation）和均值（Mean）都设置为 0。

系统取样速率设为 1000 Hz，取样点数设为 10000。

运行系统仿真，进入分析窗，单击图标 $\sqrt{x}$ 打开信宿计算器来绘制眼图。在 SystemView 的分析窗口中绘制眼图，要用到信宿计算器的时间切片功能。在信宿计算器中，单击 Style 标签，再选择切片按钮（Slice），在后面的文本框中设置切片开始时间（Start）为 0.991s，切片长度（Length）为 0.1s，在 Repeat Length 前打钩。

为了绘制眼图，时间切片的长度应该设为信号周期的整数倍，倍数较大时观察到的"眼睛"个数较多，反之则"眼睛"个数较少。切片的开始时间也是一个重要参数，开始时间选择得不合适得不到完整的眼图。确定切片开始时间的简单方法是找到波形的一个过零点，确定此过零点的时间，将其作为切片起始时间，对比眼图再做适当调整即可。

选择要绘制眼图的波形，单击确定（OK）按钮，得到眼图如图 5-15 所示。

（2）观察无码间干扰有噪声时的眼图

信道中加入噪声。双击图符 5 将其标准差设置为 0.03，重新运行系统仿真，进入分析窗，更新数据，可观察到信道有加性高斯噪声干扰时的眼图，如图 5-16 所示。可以看到由于噪声的影响，"眼睛"张开的幅度明显减小。

（3）有码间干扰无噪声时的眼图

将图符 0 的码元速率改为 16Baud，将图符 1 的取样速率也设置为 16 Hz。16Baud 是此基

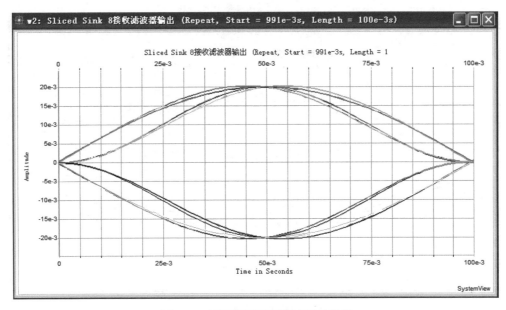

图 5-15　无码间干扰无噪声时的眼图

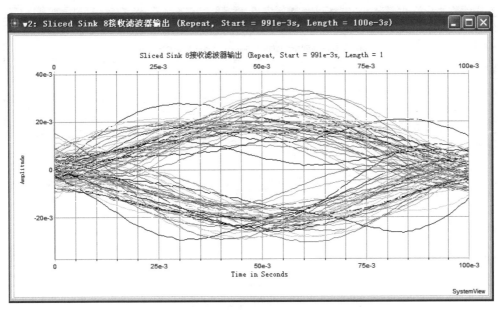

图 5-16　无码间干扰有噪声时的眼图

带系统的一个有码间干扰速率。将噪声设置为 0。将切片开始时间设置为 1.022 s，将切片长度设置为 0.0625 s（码元周期）。得到有码间干扰无噪声时接收信号的眼图如图 5-17 所示。

由图 5-17 可见，这个眼图的中间由许多条线交织在一起，不如无码间干扰时眼图那么清晰。在眼图的中间时刻取样，取样值大小各异，显然取样值受到了码间干扰的影响。

（4）既有码间干扰又有噪声时的眼图

再将噪声的标准偏差设置为 0.03。此时接收波形既有码间干扰又有噪声。运行系统，在分析窗中更新数据，得到眼图如图 5-18 所示。

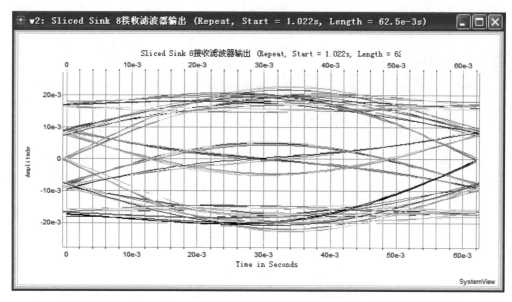

图 5-17 有码间干扰无噪声时的眼图

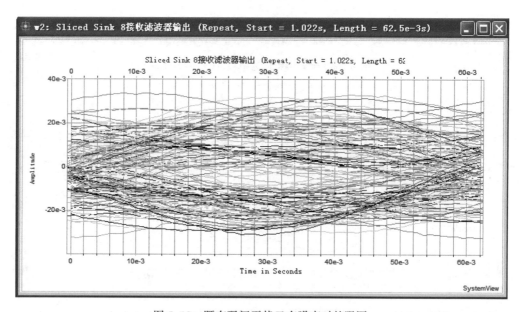

图 5-18 既有码间干扰又有噪声时的眼图

图 5-18 所示眼图已基本闭合，与图 5-16 对比可见码间干扰对系统性能的影响。

5.3.3 最佳数字基带系统抗噪声性能

由前所述，影响接收性能的主要因素是码间干扰和噪声。对于码间干扰，可以通过设计总传输特性 $H(f)$ 使系统成为无码间干扰系统，从而消除码间干扰的影响。理论和实践表明，当信道中的噪声为加性高斯白噪声时，将接收滤波器设计成匹配滤波器能最大限度地减少噪声对接收性能的影响，使数字基带系统的误码率最小，所以采用匹配滤波器作为接收滤波器的数字基带传输系统是最佳的。

当信道的传输特性在其频带范围内近似为常数时，最佳数字基带系统的数学模型如图 5-19 所示。

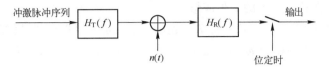

图 5-19　最佳数字基带系统数学模型

图 5-19 中，发送滤波器和接收滤波器总传输特性 $H(f) = H_T(f) \cdot H_R(f)$ 是无码间干扰传输特性，且 $H_R(f)$ 与 $H_T(f)$ 匹配，即 $H_R(f) = H_T^*(f)$。

经理论分析，二进制双极性最佳数字基带系统的误码率为

$$P_e = \frac{1}{2}\mathrm{erfc}\left(\sqrt{\frac{E_b}{n_0}}\right)$$

其中，n_0 是高斯白噪声的单边功率谱密度；E_b 是接收滤波器输入端信号的比特能量。

5.3.4　最佳数字基带系统抗噪声性能仿真

【实例 5-4】构建升余弦特性的二进制最佳数字基带传输系统。要求：（1）对比发送滤波器和接收滤波器输出端波形及眼图；（2）仿真误码率曲线，并与理论误码率进行比较。

解：根据最佳数字基带系统数学模型及仿真要求，设计仿真模型如图 5-20 所示。

图 5-20　升余弦特性的二进制最佳数字基带传输系统仿真模型

在 SystemView 平台上构建的仿真系统如图 5-21 所示。

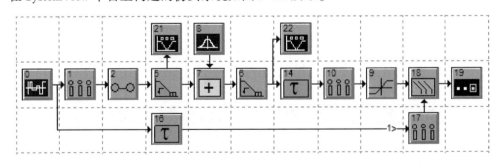

图 5-21　升余弦特性的二进制最佳数字基带传输系统

图符 0：产生二进制双极性随机矩形脉冲序列，幅度为 40 mV，码元速率为 2000 Baud。

图符 1：取样器，取样速率为 2000 Hz。

图符 2：保持器，在其参数设置中将保持值选择为 0。

图符 1 和图符 2 的作用是将图符 0 输出的全占空矩形脉冲变换成窄脉冲，窄脉冲的幅度为 40 mV，宽度为系统取样周期，用此窄脉冲近似为理想的冲激脉冲。

图符 5：平方根升余弦滤波器，其抽头数为 501，系统取样速率为 80000 Hz，滚降系数 $\alpha=1$。

图符 21：显示图符 5 输出的信号波形。

图符 8：高斯白噪声源，它和图符 7 一起用于仿真加性高斯白噪声信道。

图符 6：接收端的匹配滤波器，它也是平方根升余弦滤波器，参数的设置与图符 5 相同。

图符 22：显示图符 6 输出的信号波形。

图符 10：取样器，取样速率与信源输出码元速率相同。

图符 14：延迟 250 μs 的时延器，使用它的目的是使图符 10 的取样发生在匹配滤波器输出信号的最佳取样时刻。

图符 9：限幅器，其"input max"设置为 0，"output max"设置为 40 mV，当信道噪声为 0 时，限幅器的输出即为传输的信息，只是时间上有延迟。时延来自发送端的平方根升余弦滤波器、接收端的平方根升余弦滤波器以及图符 14，总时延为 6.5 ms。

图符 18：误码率统计，它的两个输入端分别接入收、发信号，由于参与比较的两个信号要求同频同相，所以发送信号需时延 6.5 ms 以使其与接收信号时间上对齐（即同相），再对其进行取样，取样速率与图符 10 相同，即使收、发信号同频。图符 18 的输出端 1 输出平均误码率。

图符 19：显示图符 18 输出的平均误码率。

（1）观察发送滤波器和接收滤波器输出端波形及眼图。

将系统取样速率设为 80000 Hz，样点数设为 4000，将图符 8 的噪声大小设置为 0。运行系统，进入分析窗，得到图符 21（发送端成形滤波器的输出）和图符 22（接收端匹配滤波器的输出）的波形如图 5-22 所示。

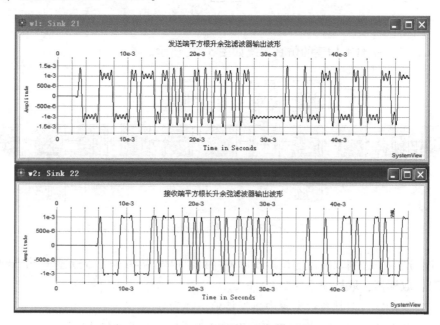

图 5-22　发送波形和匹配滤波器输出波形

在分析窗中，点击 $\sqrt{\alpha}$→Style→Slice，填入开始时间 3.375 ms 和重复时间长度 500 μs，选择 w21，得到发送端平方根升余弦滤波器输出波形的眼图。用同样方法，可得到接收端平方根升余弦滤波器输出波形的眼图，如图 5-23 所示。由图 5-23 所示的眼图可见，发送滤波器发出的波形是有码间干扰的，但通过匹配滤波器后送给判决器的波形是无码间干扰的，与理论结果一致。

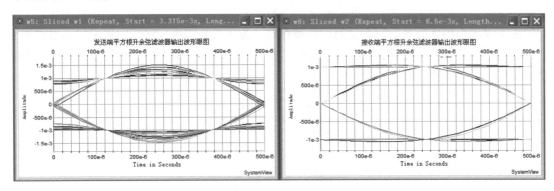

图 5-23　发送波形和匹配滤波器输出波形的眼图

（2）误码率曲线仿真

对通信系统的误码率进行仿真时，一个非常关键的问题是如何确定接收信号的比特能量，即找到接收信号比特能量与仿真系统中其他参数的关系，只有这样，才能计算出某次仿真时的比特能量，从而才能计算出给定噪声单边功率谱密度时的 E_b/n_0 值。

在图 5-21 所示的仿真系统中，发送到成形滤波器（发送端平方根升余弦滤波器）的是窄脉冲，窄脉冲的幅度为图符 0 产生的矩形脉冲的幅度 A，宽度为系统时钟的周期 T_s。故当信道无衰减且噪声为 0 时，成形滤波器输出的信号即为接收端收到的信号，其频谱为发送窄脉冲频谱乘以平方根升余弦传输特性。设窄脉冲的频谱为 $X(f)$，接收信号频谱为 $Y(f)$，则有

$$Y(f) = X(f) \cdot H_T(f) = AT_s \mathrm{Sa}(\pi T_s f) \cdot H_T(f)$$

由于系统取样频率远大于平方根升余弦成形滤波器的带宽，所以 $AT_s \mathrm{Sa}(\pi T_s f)$ 在 $H_T(f)$ 范围内近似为常数 AT_s，因此 $Y(f) \approx AT_s \cdot H_T(f)$。应用帕塞瓦尔定理，接收信号比特能量为

$$E_b = \int_{-\infty}^{+\infty} |Y(f)|^2 \mathrm{d}f = (AT_s)^2 \int_{-\infty}^{+\infty} |H_T(f)|^2 \mathrm{d}f = (AT_s)^2 B$$

本仿真实例中，$A = 40$ mV，$T_s = 1/80000$ s，$B = 2000$ Hz，得 $E_b = 5 \times 10^{-10}$ J。双击图符 8，将单边功率谱密度设置为 $n_0 = 5 \times 10^{-10}$ W/Hz，此时 $E_b/n_0 = 1$，用分贝表示为 0 dB。

仿真误码率曲线，需要仿真系统按一定间隔自动改变 E_b/n_0 值。方法有两种，一是改变发送信号的幅度 A 来改变比特能量 E_b，二是改变信道中噪声的单边功率谱密度 n_0。本实例仿真时采用后者。下面以 E_b/n_0 从 0 dB 开始每次递增 1 dB 共仿真 8 次为例来说明 n_0 的设置方法。

第一步：在噪声图符 8 的输出端接入一个增益图符 23，在其参数设置中选择 "dB Power"，并且将增益设置为 0。

第二步：在定义系统时间时将 "No. of System Loops" 设置为 8。

第三步：在 "tools" 的下拉菜单中点击 "Global Parameters Links…"，在 "System

Tokens"下选择"Operator（Gain）"，在"Select Parameter"中选择"Gain"，在"System variables Reference List Vi"的下拉框中选择"cl=Current System Loop"，在"Define Algebraic Relationship F（Gi，Vi）"下输入表达式"-cl+1"。这样，当系统执行第一次循环时，cl= 1，-cl+1=0，增益图符对噪声的衰减为 0 dB，即增益图符对噪声没有衰减，第一次仿真时的 $E_b/n_0=0$ dB。以后，增益图符依次递减 1 dB，E_b/n_0 每次增加 1 dB，直至 $E_b/n_0=7$ dB，系统结束运行，共得到 8 个 E_b/n_0 下的系统误码率。

由于误码率统计需要进行大量的运算和存储，为了提高速率，将图中用于显示发送端平方根升余弦滤波器输出波形和接收端平方根升余弦滤波器输出波形的显示器删掉。误码率曲线仿真系统如图 5-24 所示。

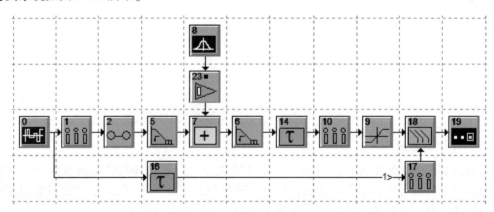

图 5-24　误码率曲线仿真系统

将系统定时的样点数设置为 4000000，取样速率为 80000 Hz。由于信源码元速率为 2000Baud，因此系统在一个信息码元内取样 40 次，故系统的 4000000 个样点相当于 100000 个信息码元。运行系统，得到 8 个误码率值，见表 5-2。由表 5-2 可见，仿真误码率与理论误码率十分接近，若仿真样点数再增大些，仿真结果还会更加接近。

表 5-2　最佳数字基带系统理论误码率与仿真误码率

(E_b/n_0)/dB	理论误码率	仿真误码率
0	7.68e-2	7.875e-2
1	5.63e-2	5.738e-2
2	3.75e-2	3.812e-2
3	2.29e-2	2.217e-2
4	1.25e-2	1.258e-2
5	6.0e-3	5.971e-3
6	2.4e-3	2.530e-3
7	8.0e-4	9.301e-4

在 SystemView 的分析窗中，可以利用仿真得到的误码率绘制误码率曲线。方法是：进入分析窗，点击√α →Style→BER Plot，并在右边 SNR Start（dB）和 Increment（dB）框内分别填入 E_b/n_0 的起始值 0 和增量 1，选择窗口 w0，即可得到误码率曲线。双击曲线窗口中下

方的 SNR in dB，将其改为 Eb/n0（dB），双击 BER vs SNR for w0，将其改为最佳数字基带系统仿真误码率曲线，再点击分析窗工具条上的图标 🔳 和图标 ⬛，将纵坐标改为对数表示，并且显示出各个仿真值。由此得到误码率曲线如图 5-25 所示。

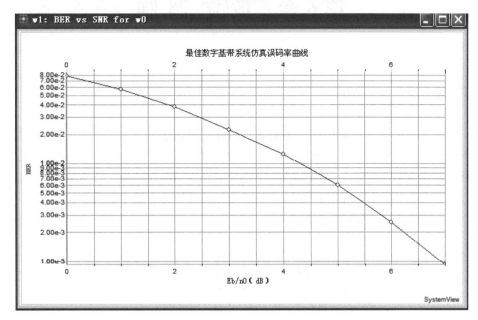

图 5-25　最佳数字基带系统误码率仿真曲线

在分析窗中通过 √α 还可将理论误码率曲线和仿真误码率曲线绘制在同一窗口中进行比较，请读者自行完成。

第6章 数 字 调 制

6.1 概述

数字基带信号的功率谱集中在零频附近，因此是低通信号。为了使数字基带信号能在带通信道中传输，在发送端需要把数字基带信号的频谱搬移到带通信道的通带范围内，这个频谱的搬移过程称为数字调制。调制前的数字基带信号称为调制信号，频谱搬移后的信号称为已调信号。在接收端由已调信号恢复数字基带信号的过程称为数字解调。

包含数字调制和解调的数字通信系统也称为数字频带传输系统，原理框图如图 6-1 所示。

图 6-1　数字频带传输系统示意图

与模拟调制一样，数字调制也有三种基本形式，即数字振幅调制（ASK）、数字频率调制（FSK）和数字相位调制 PSK（或 MDPSK）。当 M=2 时，数字基带信号为二进制，相应的三种调制分别称为 2ASK、2FSK 和 2PSK（2DPSK），当 M>2 时，数字基带信号为多进制，对应的三种调制分别称为 MASK、MFSK 和 MPSK（或 MDPSK）。

6.2 二进制数字振幅调制（2ASK）

6.2.1 2ASK 调制解调原理

2ASK 是用二进制数字基带信号控制正弦载波的振幅。例如，信息为"1"码时，载波振幅不为 0，信息为"0"码时，载波振幅为 0，如图 6-2 所示。其中 $s(t)$ 为调制信号，$S_{2ASK}(t)$ 为已调信号。

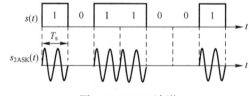

图 6-2　2ASK 波形

由图 6-2 得到 2ASK 信号的时域表达式为

$$s_{2ASK}(t) = s(t) \cdot A\cos2\pi f_c t$$

产生 2ASK 信号的 2ASK 调制器可以通过相乘器或开关来实现，如图 6-3 所示。

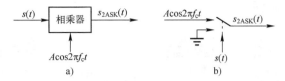

图 6-3　2ASK 调制器

2ASK 信号的解调可以采用相干解调，原理框图如图 6-4 所示。

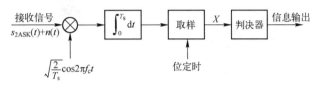

图 6-4　2ASK 相干解调器

其中判决器所采用的判决规则为：若取样值 X 大于门限值 V_{th}，则判为"1"码，否则判为"0"码。"1""0"等概时 2ASK 相干解调系统的判决门限为 $V_{th} = \dfrac{\sqrt{E_b}}{2}$，此时误码率为

$$P_e = \frac{1}{2}\mathrm{erfc}\left(\sqrt{\frac{E_b}{4n_0}}\right)$$

E_b 是发"1"时接收到 2ASK 信号的比特能量，n_0 是信道高斯白噪声的单边功率谱密度。

2ASK 也可采用包络解调，包络解调是一种非相干解调方式。采用包络解调的 2ASK 信号解调器如图 6-5 所示。

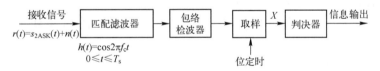

图 6-5　2ASK 包络解调器

其中，匹配滤波器与发"1"时的 2ASK 信号匹配。当"1"、"0"等概且输入信噪比较大时，$V_{th} \approx \dfrac{\sqrt{E_b}}{2}$，此时 2ASK 包络解调器的误码率近似为

$$P_e \approx \frac{1}{2}\exp\left(-\frac{E_b}{4n_0}\right)$$

6.2.2　2ASK 调制解调系统仿真

【实例 6-1】仿真 2ASK 调制解调系统。要求：（1）观察 2ASK 系统发送码元序列和接收码元序列；（2）观察调制前后波形；（3）观察加了少量噪声后的接收信号；（4）仿真 $E_b/n_0 = 4$ 时 2ASK 相干解调误码率。

解：根据 2ASK 调制解调原理框图及仿真要求，构建 2ASK 调制解调系统如图 6-6 所示，其中解调采用相干解调。

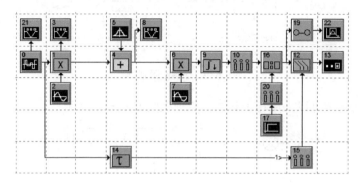

图 6-6　2ASK 相干解词系统

其中，

图符 0：产生单极性二进制码元序列，码元速率为 10Baud。

图符 2：产生调制用余弦载波，频率为 100 Hz。

图符 5：产生高斯白噪声，仿真信道中的噪声。

图符 7：产生解调用余弦载波，频率为 10 Hz。

图符 9：积分清洗，积分时间为一个码元宽度。

图符 10：取样器，取样速率为 10 Hz。

图符 16：比较器，对图符 10 取样器输出的值与门限值进行比较，当大于或等于门限时判为"1"码，否则判为"0"码。

图符 17：产生直流电压，幅度值为 0.25 V，经图符 20 取样后作为图符 16 的判决门限。

图符 19：保持器，保持最后一个样值。

图符 14：延迟器，延迟时间为一个码元宽度，为了使发送码元序列与接收码元序列在时间上对齐。

图符 12：将接收码元序列与发送码元序列进行比较，统计出误码率。

图符 13：显示误码率。

图符 21：显示发送二进制码元序列。

图符 3：显示 2ASK 信号。

图符 8：显示接收到的混有噪声的 2ASK 信号。

图符 22：显示解调器输出单极性二进制码元序列。

（1）观察 2ASK 系统发送码元序列和接收码元序列。双击噪声图符 5，将噪声设置为 0。将系统取样速率设为 1000 Hz，样点数设为 1000。运行系统，进入分析窗，得到发送码元序列和接收码元序列波形如图 6-7 所示。

由图 6-7 可见，接收码元序列与发送码元序列相比延迟了一个码元，这是因为解调时取样判决发生在每个码元的终止时刻。

（2）观察调制前后波形。仍然在分析窗中，可以看到调制前发送二进制码元序列和 2ASK 信号的波形如图 6-8 所示。

90

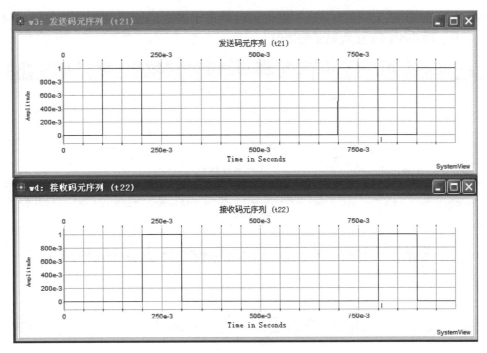

图 6-7　发送码元序列和接收码元序列

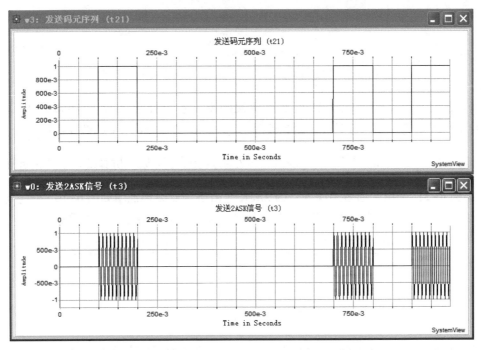

图 6-8　发送二进制码元序列与其对应的 2ASK 信号

　　（3）观察加了少量噪声后的接收信号。双击图符 5，选择 Density in 1 ohm，在 Density（功率谱密度）中填入 0.0125，由于本仿真实例中 $E_b = 0.05$，故相当于 $E_b/n_0 = 4$。运行系统，进入分析窗，更新数据，得到加入噪声后的接收 2ASK 信号波形如图 6-9 所示，观察噪声对解调性能的影响，为便于对比，图中同时给出了发送码元序列和接收码元序列。由图 6-9 可见，噪声引起了接收码元的错误。

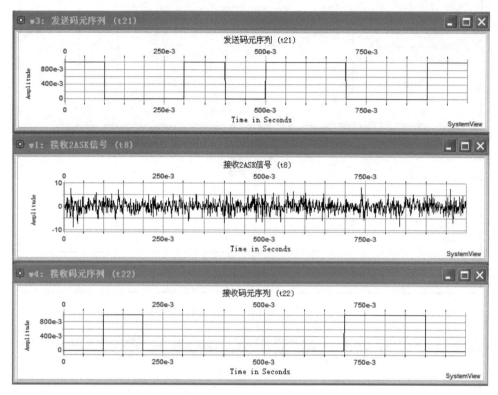

图 6-9　加了噪声后的接收 2ASK 信号及收发码元序列

（4）仿真 $E_\mathrm{b}/n_0 = 4$ 时 2ASK 相干解调误码率。系统样点数设为 10000000，即仿真 100000 个二进制码元。运行系统，得到误码率为 7.88×10^{-2}。由相干解调误码率理论公式可求得误码率为 $P_\mathrm{e} = \dfrac{1}{2}\mathrm{erfc}\left(\sqrt{\dfrac{E_\mathrm{b}}{4n_0}}\right) = \dfrac{1}{2}\mathrm{erfc}(1) = 7.865 \times 10^{-2}$。可见，仿真结果十分接近理论值。

【实例 6-2】采用普通带通滤波器的 2ASK 包络解调器原理框图如图 6-10 所示，若要求调制器采用开关法，试仿真实现此 2ASK 调制解调系统，并观察系统各关键点的波形。

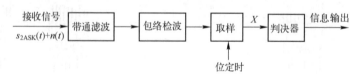

图 6-10　2ASK 包络解调器

解：根据要求构建的仿真电路如图 6-11 所示，系统取样速率设置为 1000 Hz。

其中，

图符 0：产生二进制单极性码元序列，码元速率为 10 Baud。

图符 2：二选一数据选择器，图符 0 输出为其控制信号，当控制信号为“1”时，选择图符 3 输出，否则输出为 0。

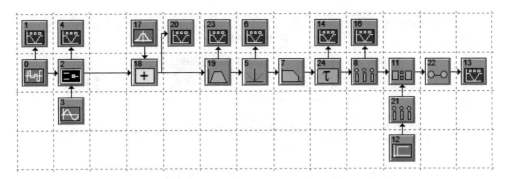

图 6-11　2ASK 调制解调系统（包络解调）

图符 3：产生正弦波作为调制载波，频率为 100 Hz。

图符 17：产生高斯白噪声。

图符 18：加法器，与图符 17 一起仿真加性高斯白噪声信道。

图符 19：带通滤波器，中心频率为 100 Hz，带宽应保证 2ASK 信号通过，设置为 20 Hz。

图符 5：全波整流器。

图符 7：低通滤波器，带宽为 10 Hz。

图符 5 和图符 7 构成包络检波器。

图符 24：时延器，时间延迟为 80 ms，保证在最佳时刻取样。

图符 8：取样器，取样速率为 10 Hz，等于发送端二进制码元速率。

图符 12：产生直流电压，作为判决时的门限，本仿真实例约为 315 mV。

图符 21：取样器，取样速率为 10 Hz。

图符 11：比较器，作为判决器，将来自图符 8 的取样值与来自图符 21 的门限值进行比较，若取样值大于或等于门限值，则判为 "1"，否则判为 "0"。

图符 22：保持器，使输出显示矩形脉冲序列。

（1）不加噪声时，观察调制解调系统各关键点的波形。将系统样点数设置为 2000，运行系统，进入分析窗，得到仿真系统各关键点波形如图 6-12 所示。

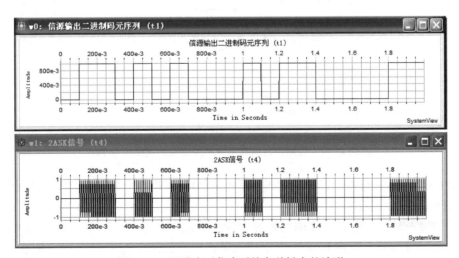

图 6-12　无噪声时仿真系统各关键点的波形

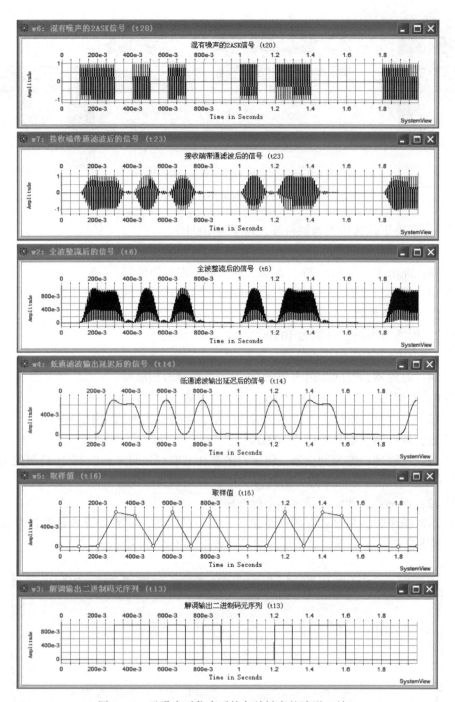

图 6-12 无噪声时仿真系统各关键点的波形（续）

由图 6-12 可见，解调输出二进制码元序列从 200 ms 开始，与信源输出二进制码元序列相比延迟两个码元，即 200 ms。

（2）加噪声时，观察调制解调系统各关键点的波形。返回设计窗，双击噪声图符 17，选择 Density in 1 ohm，并在 Density 框中填入单边功率谱密度为 3.125e-3（即 0.003125）。运行系统，进入分析窗，更新数据，得到仿真系统各关键点的波形如图 6-13 所示。

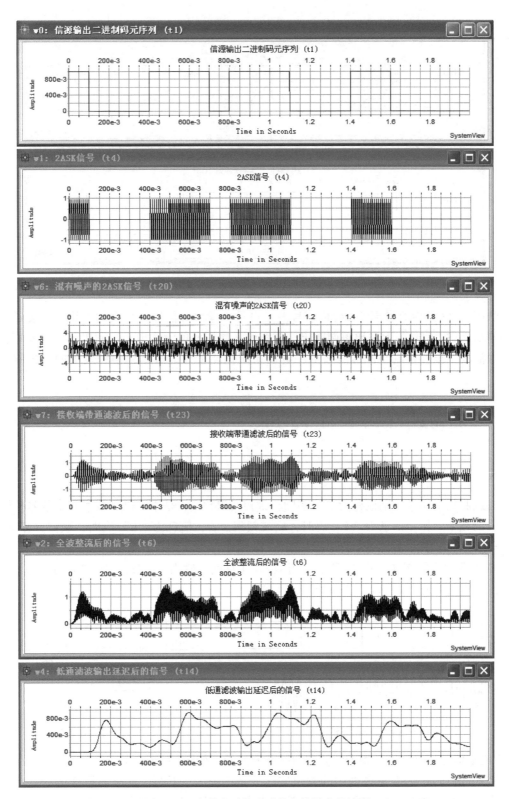

图 6-13 有噪声时仿真系统各关键点的波形

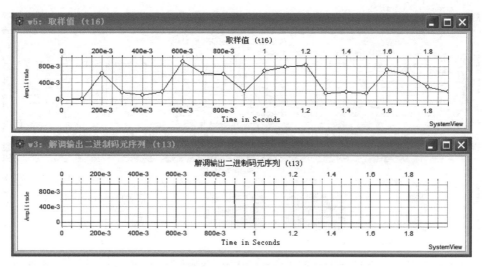

图 6-13 有噪声时仿真系统各关键点的波形（续）

从图 6-13 的混有噪声的 2ASK 信号波形可见，噪声对信号有很大的干扰，从波形图已无法辨认 2ASK 信号。但对比解调输出二进制码元序列和信源输出二进制码元序列发现，通过带通滤波、全波整流和低通滤波后，解调系统仍能很好地解调出信源发出的二进制码元序列。

6.3 二进制数字频率调制（2FSK）

6.3.1 2FSK 调制解调原理

二进制数字频率调制也称为二进制频移键控（2FSK），是用二进制数字基带信号控制正弦载波的频率。如：信息为"1"码时，载波频率为 f_1，信息为"0"码时，载波频率为 f_2。设 $f_1 = 4R_s$，$f_2 = 2R_s$，则 2FSK 波形图如图 6-14 所示。

2FSK 调制器框图如图 6-15 所示，当 $s(t) = 1$ 期间，输出 $s_{2FSK}(t) = A\cos 2\pi f_1 t$；当 $s(t) = 0$ 期间，$\overline{s(t)} = 1$，输出 $s_{2FSK}(t) = A\cos 2\pi f_2 t$。

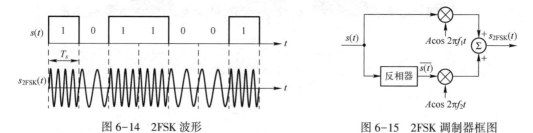

图 6-14　2FSK 波形 　　　　　　　　　图 6-15　2FSK 调制器框图

2FSK 信号的解调也有相干解调和包络解调两种，如图 6-16 所示。

图 6-16 所示 2FSK 解调器中的判决实际上是比较上、下两个支路的取样值的大小，如果上支路的取样值大，则说明发送的载波频率为 f_1，根据调制规则，这也就意味着发送端发送的是"1"码，反之，则发送端发送的是"0"码。故两种解调器的判决规则均为：

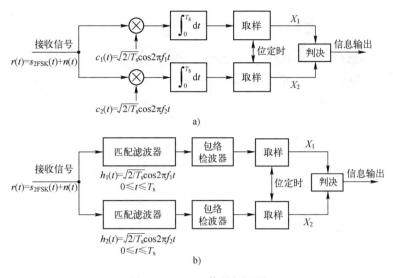

图 6-16 2FSK 信号解调器

a）相干解调器 b）包络解调器

$$\begin{cases} X_1 \geq X_2, & 判为 "1" 码 \\ X_1 < X_2, & 判为 "0" 码 \end{cases}$$

噪声的存在会引起错判，经推导，2FSK 相干解调器的误码率为

$$P_e = \frac{1}{2} \mathrm{erfc} \left(\sqrt{\frac{E_b}{2n_0}} \right)$$

包络解调器的误码率为

$$P_e = \frac{1}{2} \exp \left(-\frac{E_b}{2n_0} \right)$$

其中，E_b 是发"1"或发"0"时接收机输入端 2FSK 信号的比特能量，也是 2FSK 信号的平均比特能量。

6.3.2 2FSK 调制解调系统仿真

【实例 6-3】 建立 2FSK 调制解调仿真系统。（1）比较调制器输入码元序列、对应的 2FSK 调制波形以及解调输出码元序列；（2）比较调制器输入码元序列和其对应 2FSK 信号的幅度谱；（3）仿真 $E_b/n_0 = 4$ 时的系统误码率。

解：根据图 6-15 所示 2FSK 调制器原理框图和图 6-16a 所示 2FSK 解调器原理框图构建 2FSK 调制解调仿真系统如图 6-17 所示。

其中主要图符在系统中的作用如下：

图符 4：信源，产生二进制码元序列作为调制信号。

图符 5：实现反相功能。

图符 0：产生调制用载波。

图符 1：产生调制用载波。

图符 33：产生信道噪声。

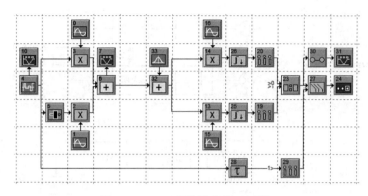

图 6-17　2FSK 调制解调仿真系统

图符 15：产生解调用载波。

图符 16：产生解调用载波。

图符 26：在一个码元内积分。

图符 25：在一个码元内积分。

图符 19：取样器。

图符 20：取样器。

图符 23：对上下支路取样值进行比较，完成解调器中的判决功能。

图符 30：脉冲整形，使解调输出波形为矩形脉冲序列。

图符 28：延迟器，使信源输出二进制码元与解调输出二进制码元在时间上对齐。

图符 29：取样器，使进入误码统计器中的二路信号取样速率相同。

图符 27：误码率统计。

各主要图符的参数见表 6-1。

表 6-1　各主要图符的参数设置

图 符 编 号	所属图符库	功　　能	参 数 设 置
4	信源	随机序列产生器	Amp = 500e-3 V Offset = 500e-3 V Rate = 10 Hz Levels = 2 Phase = 0 deg
5	逻辑	非门电路	Gate Delay = 0 sec Threshold = 500e-3 V True Output = 1 V False Output = 0 V Rise Time = 0 sec Fall Time = 0 sec
0	信源	正弦波产生器	Amp = 1 V Freq = 60 Hz Phase = 0 deg Output 0 = Sine　t3
1	信源	正弦波产生器	Amp = 1 V Freq = 20 Hz Phase = 0 deg Output 0 = Sine　t2

图符编号	所属图符库	功　能	参数设置
33	信源	高斯白噪声产生器	Pwr Density = 3.125e-3 W/Hz System = 1 ohm Mean = 0 V
15	信源	正弦波产生器	Amp = 1 V Freq = 20 Hz Phase = 0 deg Output 0 = Sine　t13
16	信源	正弦波产生器	Amp = 1 V Freq = 60 Hz Phase = 0 deg Output 0 = Sine　t14
25	通信	积分清洗	Impulse Intg Time = 100e-3 sec Offset = 0 sec
26	通信	积分清洗	Impulse Intg Time = 100e-3 sec Offset = 0 sec
19	算子	取样器	Interpolating Rate = 10 Hz Aperture = 0 sec Aperture Jitter = 0 sec
20	算子	取样器	Interpolating Rate = 10 Hz Aperture = 0 sec Aperture Jitter = 0 sec
23	算子	比较器	Comparison = ′>′ True Output = 1 V False Output = 0 V A Input = t20 Output 0 B Input = t19 Output 0
30	算子	保持器	Last Value Gain = 1 Out Rate = 1e+3 Hz
28	算子	延迟器	Delay = 100e-3 sec Output 0 = Delay Output 1 = Delay - dT　t29
29	算子	取样器	Rate = 10 Hz Aperture = 0 sec Aperture Jitter = 0 sec
27	通信	误码率统计	No. Trials = 1 bits Threshold = 500e-3 V Offset = 1 bits Output 1 = Cumulative Avg　t24

（1）比较调制器输入码元序列、对应的 2FSK 调制波形以及解调输出码元序列。

双击图符 33，将其噪声功率谱密度设置为 0。设置系统取样速率为 1000 Hz，取样点数为 2000 点。运行系统，进入分析窗，得到信源输出二进制码元序列、2FSK 信号及解调输出二进制码元序列波形图如图 6-18 所示。

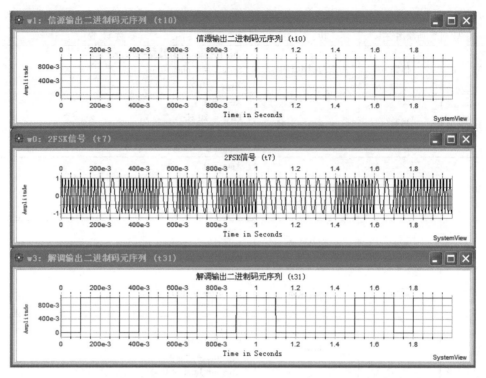

图 6-18　信源输出二进制码元序列、2FSK 信号及解调输出二进制码元序列波形图

对比图 6-18 中的解调输出二进制码元序列和信源输出二进制码元序列可见，解调输出相比信源输出延迟一个码元，为什么呢？

（2）比较调制器输入码元序列和其对应 2FSK 信号的幅度谱。

将系统取样速率重设为 400 Hz，样点数重设为 8000 点。运行系统，进入分析窗，更新数据，利用 $\sqrt{a}$ 中的频谱功能，分别求出信源输出二进制码元序列和 2FSK 信号的幅度谱，如图 6-19 所示。

由图 6-19 可见，信源输出二进制码元序列的幅度谱含有直流分量，且第一个零点带宽为 10 Hz，等于二进制码元速率。经 2FSK 调制后，数字基带信号的频谱分别搬移到两个载波频率处，带宽 10~70 Hz 共 60 Hz，为减小 2FSK 信号带宽，可减小两个载波之间的频率间隔。可见，幅度谱示意图与通信原理教材中给出的理论谱一致。

（3）仿真 Eb/n0＝4 时的系统误码率。

将系统取样速率改为 1000 Hz，将样点数重置为 10000000。由于接收端收到的 2FSK 的波形幅度为 1 V，码元宽度为 0.1 s，故比特能量 Eb＝0.05，为使仿真系统的 Eb/n0＝4，噪声单边功率谱密度 n0＝0.0125。双击噪声图符 33，将单边功率谱密度设为 0.0125。运行系统，从误码率显示图符 24 可以看到，系统误码率为 2.212×10^{-2}。将 Eb/n0＝4 代入 2FSK 理论误码率公式可求得误码率为 $P_e = \dfrac{1}{2}\mathrm{erfc}\left(\sqrt{\dfrac{E_b}{2n_0}}\right) = \dfrac{1}{2}\mathrm{erfc}(\sqrt{2}) \approx 2.28 \times 10^{-2}$，仿真结果与理论一致。

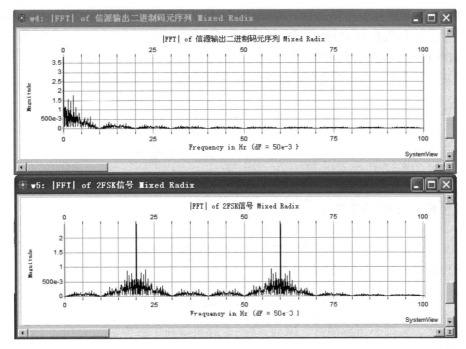

图 6-19　信源输出二进制码元序列和 2FSK 信号的幅度谱

6.4　多进制数字相位调制仿真

多进制数字相位调制有绝对相移键控（MPSK）和差分相移键控（MDPSK）两种。

6.4.1　多进制绝对相移键控（MPSK）

1. MPSK 波形

在 MPSK 中，用 M 进制数字基带信号控制已调载波与未调载波之间的相位差。由于 M 进制基带信号有 M 种不同的码元，那么与之对应的相位差就有 M 种。例如，当四进制码元分别为 00、10、11、01 时，已调载波与参考载波的相位差可分别取 0、$\dfrac{\pi}{2}$、π 和 $\dfrac{3\pi}{2}$。按照这种相位取值的 4PSK 波形如图 6-20 所示（设载波初相为 0，且 $T_{\mathrm{s}}=2T_{\mathrm{c}}$）。

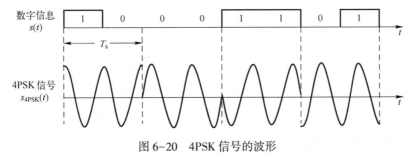

图 6-20　4PSK 信号的波形

因此，任一码元内的 MPSK 信号的表达式为

$$s_{\mathrm{MPSK}}(t)=A\cos(2\pi f_{\mathrm{c}}t+\varphi_{\mathrm{i}})$$

当 $M=2$ 时为 2PSK，φ_i 的取值只有 0 和 π 两种；当 $M=4$ 时为 4PSK，φ_i 的取值有四种；在 MPSK 中，φ_i 的取值有 M 种。

2. MPSK 带宽及频带利用率

可以证明，MPSK 功率谱的形状如图 6-21 所示。

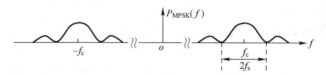

图 6-21　MPSK 信号功率谱

由此可见，MPSK 的带宽为

$$B_{\text{MPSK}}=2f_{\text{s}}=2R_{\text{s}}$$

即 MPSK 信号的带宽等于 M 进制数字基带信号码元速率的 2 倍。

故 MPSK 信号的信息频带利用率为

$$\eta_{\text{MPSK}}=\frac{R_{\text{b}}}{B_{\text{MPSK}}}=\frac{R_{\text{s}}\log_2 M}{2R_{\text{s}}}=\frac{1}{2}\log_2 M\quad\text{bit}/(\text{s}\cdot\text{Hz})$$

显然，M 越大，频带利用率越高。例如，4PSK 的频带利用率为 $\eta_{\text{4PSK}}=1\ \text{bit}/(\text{s}\cdot\text{Hz})$，是 2PSK 频带利用率的 2 倍。

3. MPSK 的抗噪声性能

噪声的存在会引起相邻相位之间的错判，从而导致解调器的误码。可以证明，当 $M\geqslant 4$ 时，MPSK 相干解调器的误码率近似为

$$P_{\text{e}}=\text{erfc}\left(\sqrt{\frac{E_{\text{s}}}{n_0}}\sin\left(\frac{\pi}{M}\right)\right)$$

其中，$E_{\text{s}}=\log_2 M\cdot E_{\text{b}}$ 为符号能量；E_{b} 为比特能量。可见，随着进制数 M 的增大，误码性能下降，这是因为，当 M 增大时，设置的相位个数增加，使得相位间隔变小，因而受到噪声影响时更容易引起错判。

当调制规则采用格雷码编码，即相邻相位所对应的信息组之间只有一个比特不同时，由相邻相位之间的错判而导致的误码只会引起一个比特的错误。而通信系统中的误码绝大多数是由相邻相位的错判引起的，故可以近似地认为，MPSK 系统中的一个误码引起一个比特的错误，因而，可得 MPSK 的误比特率为

$$P_{\text{b}}=\frac{P_{\text{e}}}{\log_2 M}=\frac{1}{\log_2 M}\text{erfc}\left(\sqrt{\frac{E_{\text{s}}}{n_0}}\sin\left(\frac{\pi}{M}\right)\right)$$

当 $M=4$ 时，$P_{\text{b}}=\dfrac{1}{2}\text{erfc}\left(\sqrt{\dfrac{E_{\text{b}}}{n_0}}\right)$。可见，4PSK 与 2PSK 具有相同的抗噪声性能，但 4PSK 的频带利用率却是 2PSK 频带利用率的 2 倍，因此 4PSK 得到了广泛的实际应用。由于 4PSK 调制器实现时通常采用正交法，故 4PSK 也称为正交相移键控（QPSK）。

6.4.2　多进制差分相移键控（MDPSK）

1. MDPSK 波形

在 MDPSK 中，用 M 进制数字基带信号控制相邻两个码元内已调载波的相位差。由于 M

进制数字基带信号有 M 种不同的码元，因此与之对应的相位差就有 M 种。例如，当四进制码元分别为 00、10、11、01 时，相邻码元的载波相位差可分别取 0、$\dfrac{\pi}{2}$、π 和 $\dfrac{3\pi}{2}$，按照这种相位取值的 4DPSK 波形如图 6-22 所示（设初始码元的载波末相为 0，且 $T_{\mathrm{s}}=2T_{\mathrm{c}}$）。

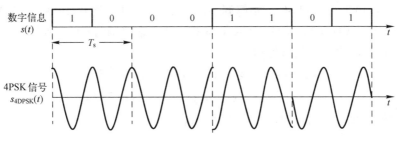

图 6-22　4DPSK 信号的波形

2. MDPSK 信号的带宽及频带利用率

与 2DPSK 一样，MDPSK 信号的功率谱与 MPSK 的功率谱完全相同，因此 MDPSK 信号的带宽也为

$$B_{\mathrm{MDPSK}}=2f_{\mathrm{s}}=2R_{\mathrm{s}}$$

其中，R_{s} 是 M 进制数字基带信号的码元速率。

故 MDPSK 信号的信息频带利用率为

$$\eta_{\mathrm{MPSK}}=\frac{R_{\mathrm{b}}}{B_{\mathrm{MDPSK}}}=\frac{R_{\mathrm{s}}\log_{2}M}{2R_{\mathrm{s}}}=\frac{1}{2}\log_{2}M\quad\mathrm{bit/(s\cdot Hz)}$$

随着 M 的增大，频带利用率增大。例如，$M=4$ 时，4DPSK 信号的频带利用率为 $1\,\mathrm{bit/(s\cdot Hz)}$，是 2DPSK 的 2 倍。

3. MDPSK 误码性能

在实际应用中，MDPSK 信号的解调通常采用差分相干解调，其误码率推导十分复杂，当 $M\geqslant4$，且 $\dfrac{E_{b}}{n_{0}}$ 较大时，MDPSK 差分相干解调的误码率近似为

$$P_{\mathrm{e}}=\mathrm{erfc}\left(\sqrt{\frac{2E_{\mathrm{s}}}{n_{0}}}\sin\left(\frac{\pi}{2M}\right)\right)$$

当采用格雷码编码时，一个误码近似产生一个比特的错误，故 MDPSK 误比特率为

$$P_{\mathrm{b}}=\frac{1}{\log_{2}M}\mathrm{erfc}\left(\sqrt{\frac{2E_{\mathrm{s}}}{n_{0}}}\sin\left(\frac{\pi}{2M}\right)\right)$$

比较 MDPSK 差分相干解调和 MPSK 解调的误码率（或误比特率）公式，在误码率相同时，差分相干 MDPSK 与 MPSK 所需的比特能量之比为

$$\lambda=\frac{\sin^{2}\left(\dfrac{\pi}{M}\right)}{2\sin^{2}\left(\dfrac{\pi}{2M}\right)}$$

当 $M=4$ 时，$\lambda\approx1.7$（2dB），当 $M>4$ 时，$\lambda\approx2$（3dB）。这就是说，在两种调制方式达到相

同的误码率时，MDPSK 差分相干解调器所需的功率要比 MPSK 解调器所需的功率大 2 ~ 3 dB。但差分相干 MDPSK 的优点是解调时无须提取相干载波，所以设备简单。

6.4.3　相位调制系统仿真

【实例 6-4】 仿真实现 4PSK 调制解调系统。要求：（1）构建 4PSK 调制器，观察产生的 4PSK 波形和功率谱；（2）构建 4PSK 解调器，并观察解调信号的星座图。

解：将 MPSK 的表达式展形得到

$$s_{\mathrm{MPSK}}(t) = A\cos\varphi_i\cos(2\pi f_c t) - A\sin\varphi_i\sin(2\pi f_c t)$$
$$= I_i \cdot A\cos(2\pi f_c t) - Q_i \cdot A\sin(2\pi f_c t)$$

故 MPSK 调制器一般原理结构图如图 6-23 所示。

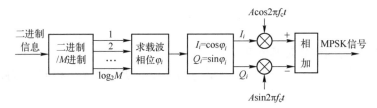

图 6-23　MPSK 正交调制器框图

根据图 6-23 构建 4PSK 调制器仿真模型如图 6-24 所示。

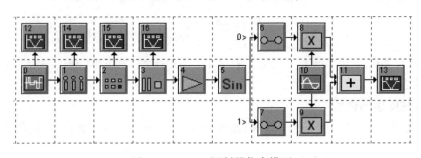

图 6-24　4PSK 调制器仿真模型

图符 0：产生随机二进制单极性矩形序列，速率为 20 Baud，即每个比特的宽度为 50 ms。

图符 1：取样器，取样速率为 20 Hz。

图符 2：双比特格雷码编码器，其双比特信息输入与输出之间的对应关系见表 6-2 。

图符 3：比特/符号转换器，将格雷码编码器输出的双比特转换为一个符号，其转换关系见表 6-3。综合表 6-2 和表 6-3 可见，图符 2 和图符 3 的合成作用是将信源输出的双比特信息转换成符号，双比特信息与符号值之间的关系见表 6-4。

图符 4：增益器，增益设置为 π/2 = 1.5707964。

图符 5：正弦和余弦的计算器，可计算出图符 4 传给它的相位的正弦和余弦值。

图符 6、7：保持器。

图符 10：产生载波信号，频率为 20 Hz。

图符 11：相加器，输出 4PSK 信号。

图符 13：用于显示 4PSK 信号。

图符 14、15、16：可在分析窗中显示取样器、格雷码编码器和双比特到符号转换器的输出。双击某个图符，可观察它的参数设置并可修改参数。

表 6-2 格雷码编码器输入/输出关系

双比特信息	双比特输出
0 0	0 0
0 1	0 1
1 0	1 1
1 1	1 0

表 6-3 比特到符号转换器的输入/输出关系

双比特输入	输出符号值
0 0	0
0 1	1
1 0	2
1 1	3

表 6-4 双比特信息与符号值之间的对应关系

双比特信息	输出符号值
0 0	0
0 1	1
1 0	3
1 1	2

设置系统定时：样点数为 2048，取样速率为 2000 Hz。运行系统，得到二进制信息序列和输出 4PSK 信号的波形图如图 6-25 所示。

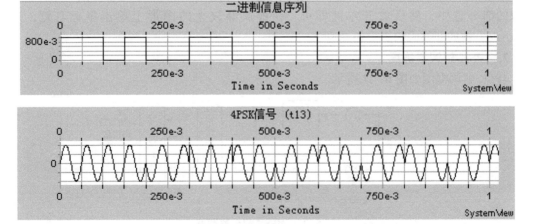

图 6-25　二进制信息序列与 4PSK 信号波形图

对于图 6-25 所示波形图需说明如下几点：

（1）由于格雷码编码器和比特/符号转换器各有两个比特时间的时延，为理解这一点，可进入分析窗，考察格雷码和比特/符号转换器的输入/输出波形。因此观察 4PSK 信号波形应从 200 ms 处开始。图 6-25 中，二进制信息序列的起始双比特为 11，4PSK 波形图中 200 ms 处开始的载波初相为 π。

（2）为便于观察 4PSK 信号的相位，此仿真模型产生的 4PSK 信号是正弦的，即 $s_{\mathrm{QPSK}}(t)=A\sin(2\pi f_c t+\varphi_i)$。

为便于观察 QPSK 信号的幅度谱，使频谱远离零频率处，将图符 10 的频率修改为 40 Hz。

重新设置系统的运行时间：样点数为 65536，取样速率为 2000 Hz。运行系统，进入分析窗，更新数据，点击计算器，并选择"Spectrum"和"|FFT|"选项，在选择窗中选择 4PSK 信号，按"OK"按钮，在分析窗中得到 4PSK 信号的幅度谱图，如图 6-26 所示。幅度谱的中心频率为 40 Hz，它等于调制载波的频率。幅度谱的主瓣宽度为 20 Hz，它与调制器输入的二进制数字信息的比特速率相同。因此 4PSK 调制信号的带宽等于二进制数字信号的码元速率。频带利用率比二进制调制要高。

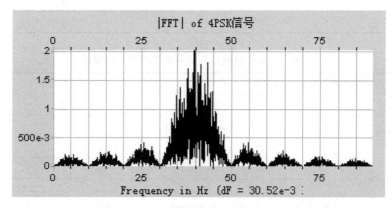

图 6-26　4PSK 信号的频谱

如果需要放大幅度谱图的局部（其他图形也一样），可按下鼠标左键并拖动鼠标，将要选取的部分选中，然后放开左键即可。在被局部放大的图形上单击鼠标右键，选择"Rescale，被局部放大的图形还原。

2. 4PSK 解调器仿真

4PSK 解调框图如图 6-27 所示。

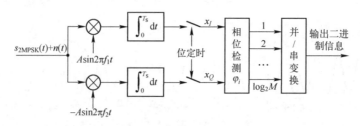

图 6-27　MPSK 相干解调器

依据图 6-27 构建 4PSK 解调器仿真模型如图 6-28 所示。

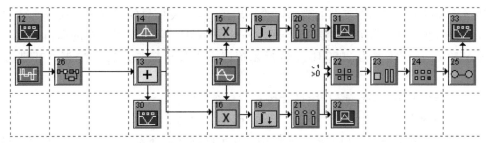

图 6-28　4PSK 解调器仿真模型

图符 0：是二进制数字信息源。

图符 26 是 4PSK 调制子系统，产生 4PSK 信号。

图符 14：模拟信道中的噪声源，信道中噪声的大小可通过图符 14 的参数来设置。

图符 17：产生同步载波，频率为 20 Hz。

图符 18 和图符 19：是积分清洗器，积分时间为 4PSK 信号的一个码元宽度，即 2 比特时间。

图符 20、21：对正交和同相支路的两个积分器的积分值进行取样。

图符 22：是 4PSK 解调器，根据正交和同相支路送来的值判定相位，解调出双比特符号（四进制符号）。

图符 23：将每个符号转换成对应的两个比特。

图符 24：进行格雷码译码，还原二进制数字信息。

设置系统运行时间：样点数为 4096，取样速率为 2000 Hz。将图符 14 标准偏差设置为 0。运行系统，输入的二进制信息序列、4PSK 波形及解调器输出序列如图 6-29 所示。

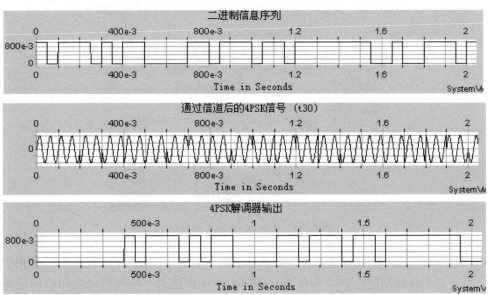

图 6-29　输入的二进制信息序列、4PSK 波形及 4PSK 解调器输出序列

对比图 6-29 中的原二进制信息和经 4PSK 解调后输出的二进制信息，在信道无噪声时，解调输出信息和原调制信息相同，但时间上延迟了 8 比特（0.4 ms），这是因为调制器延迟 4 比特，解调器也有 4 比特的延迟。

利用解调器正交和同相支路的输出可绘制出接收 4PSK 信号的星座图。双击图符 14，将高斯噪声的标准差设置为 1，使接收信号引入适当的噪声。重新设置系统的运行时间：取样点数为 65536，取样频率为 2000 Hz。运行系统，进入分析窗口，更新数据，并进行如下操作：

（1）在分析窗中，单击 $\sqrt{a}$ 按钮打开接收计算器窗口。

（2）选择 Style 功能组，然后单击 "Scatter Plot" 按钮。

（3）这时右侧的两个窗口列表将能使用，在上面的窗口列表中选择上支路信号 Sink 31，在下面的窗口列表中选择下支路信号 Sink 32。然后单击 "OK" 按钮，此时得到如图 6-30 所示的图形。

（4）使图 6-30 所示的图形窗口处于激活状态，然后单击工具栏上的 按钮就得到接收 4PSK 信号的星座图，如图 6-31 所示。

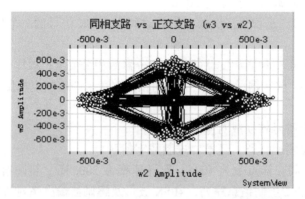

图 6-30　接收 4PSK 的星座图（相邻码元相位之间有连线）

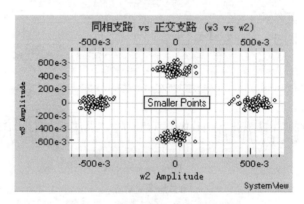

图 6-31　接收 4PSK 信号的星座图

由图 6-31 所示的星座图可看到，由于信道噪声的影响，使接收 4PSK 信号的相位有所偏移，但还是围绕调制时的四个相位点。信道中的噪声越大，接收信号的相位的偏差也越大，当相位的偏差大到一定程度，进入另一个相位点的判决区域时，判决就会出现错误。

【实例 6-5】根据 2DPSK 调制解调器框图构建 2DPSK 仿真系统。（1）观察各关键点波形；（2）通过接收端带通滤波器前后的波形，观察带通滤波器对噪声的滤除作用；（3）观察信源输出信号、差分码信号及 2DPSK 信号的频谱，简要说明三者之间的关系。

解：根据通信原理课程中给出的 2DPSK 调制解调原理框图，构建 SystemView 仿真系统如图 6-32 所示。

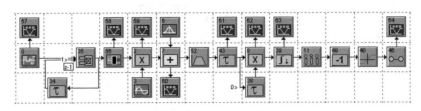

图 6-32　2DPSK 调制解调仿真系统

其中，

图符 0：产生并发送二进制码元序列。

图符 35：实现模 2 加运行。

图符 34：延迟一个码元。

图符 34 与图符 35 构成差分编码器。

图符 56：实现单/双极性变换，当输入为"1"码时输出负矩形脉冲，当输入为"0"时，输出正矩形脉冲。

图符 3：产生调制用载波。

图符 6：产生高斯白噪声。

图符 52：实现带通滤波，使信号通过时滤除带外噪声。

图符 43：补偿图符 52 带通滤波器的延迟作用，使取样判决发生在每个码元的最佳时刻。

图符 38：延迟一个码元宽度。

图符 39：实现一个码元内的积分。

图符 11：取样。

图符 49：乘以-1，当取样值为正时，使判决为"0"码，当取样值为负时，使判决器输出"1"码。

图符 40：判决器。

图符 46：保持器。

根据系统中涉及的信号的频率，将系统取样速率设置为 1000 Hz，样点数暂时设置为1000。各主要图符的参数见表 6-5。

表 6-5　各主要图符的参数及作用

图 符 编 号	所属图符库	功能/名称	参 数 设 置
0	信源	PN 序列产生器	Amp = 1 V Offset = 0 V Rate = 10 Hz Levels = 2 Phase = 0 deg
34	算子	延迟器	Delay = 100e-3 sec 　　= 100.0 smp Output 1 = Delay - dT　t35
35	算子	异或运算器	Threshold = 500e-3 True = 1 False = 0

图 符 编 号	所属图符库	功能/名称	参 数 设 置
56	逻辑	非门	Gate Delay = 0 sec Threshold = 500e-3 V True Output = 1 V False Output = -1 V Rise Time = 0 sec Fall Time = 0 sec
3	信源	正弦波发生器	Amp = 1 V Freq = 40 Hz Phase = 0 deg Output 0 = Sine t2
52	算子	带通滤波器	Butterworth Bandpass IIR 3 Poles Low Fc = 30 Hz Hi Fc = 50 Hz
43	算子	延迟器	Delay = 70e-3 sec = 70. 0 smp Output 0 = Delay t8 t38
38	算子	延迟器	Delay = 100e-3 sec = 100. 0 smp Output 0 = Delay t8
39	通信	积分器清洗器	Impulse Intg Time = 100e-3 sec Offset = 0 sec
11	算子	取样器	Rate = 10 Hz
40	函数	限幅器	Max Input = ±0 V Max Output = ±1 V

（1）观察各关键点波形。双击图符 6 将噪声设置为 0，运行系统，进入分析窗，展开所有窗口，得到无噪声时 2DPSK 调制解调系统各关键点的波形如图 6-33 所示。

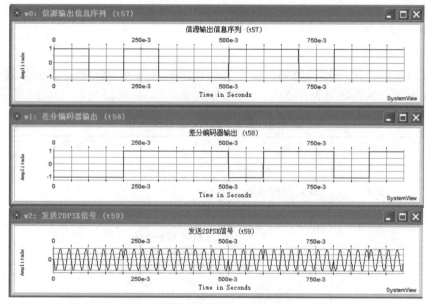

图 6-33   2DPSK 调制解调系统各关键点波形（无噪声时）

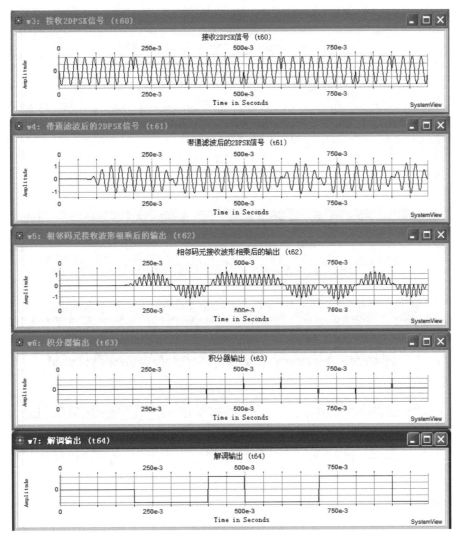

图 6-33　2DPSK 调制解调系统各关键点波形（无噪声时）（续）

对图 6-33 所示波形说明：解调输出信息从第四个码元开始，而且由于发送信息中的第一个码元作为参考信号，故解调输出中丢掉了这个码元，即实际解调输出信息从发送信息的第二个码元开始。三个码元的延迟来源于：取样判决在每个码元和结束时刻，由此带来一个码元的延迟；带通滤波器及其后的时延器也使得解调输出延迟一个码元；另外差分相干解调（图符 38）又使解调输出延迟一个码元。观察图 6-33 即可看出这一点，此实例中，一个码元的宽度为 100e-3（0.1 s），横坐标每两格为一个码元宽度。

（2）通过接收端带通滤波器前后的波形，观察带通滤波器对噪声的滤除作用。双击图符 6，选择 Density in 1 ohm 选项，并在 Density［W/Hz］框中设置噪声单边功率谱密度为0.003125（或 3.125e-3）。运行系统，进入分析窗，更新数据，得到各点波形如图 6-34 所示。

由图 6-34 可见，接收 2DPSK 信号受到较为严重的噪声干扰，波形模糊，但经过带通滤波器后，波形又变得清晰起来，而且解调输出信息中也没有错码出现。

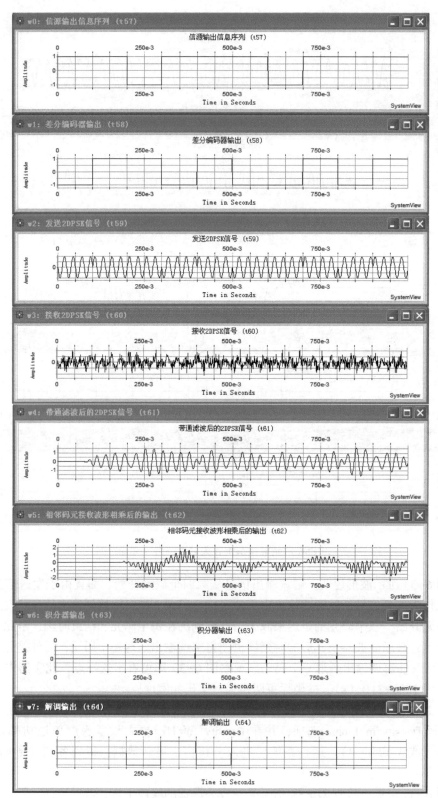

图 6-34　2DPSK 调制解调系统各关键点波形（混有噪声）

（3）观察信源输出信号、差分码信号及 2DPSK 信号的频谱，简要说明三者之间的关系。将系统样点数设置为 4000，取样速率设置为 400 Hz，将噪声重新设置为 0。运行系统，进入分析窗，利用 SystemView 的计算器，求得信源输出信息序列、差分编码器输出信号及2DPSK 信号的幅度谱如图 6-35 所示。

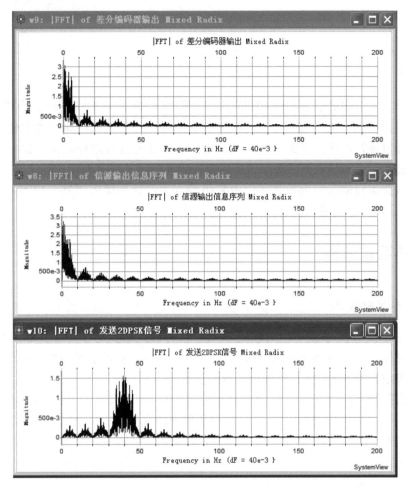

图 6-35　信源输出、差分编码器输出及 2DPSK 信号的幅度谱

由图 6-35 可见，差分码和原信息具有相同的幅度谱，2DPSK 信号幅度谱是差分码幅度谱的搬移，搬移后幅度谱的中心位置频率等于调制载波频率，其主瓣宽度等于差分码第一个零点宽度的 2 倍，故 2DPSK 信号的带宽是调制前数字基带信号带宽的 2 倍。

第7章 模拟信号数字传输

7.1 概述

模拟信号数字传输的核心是模–数转换。所谓模–数转换就是将模拟信号转换成数字信号，其核心包括：（1）对模拟信号在时域进行取样等操作，完成时间上离散化；（2）对模拟信号的取样值进行量化，完成幅度上离散化，使幅度变成有限种取值。数–模转换是模–数转换的逆过程，它对接收到的数字信号进行译码和低通滤波等处理，恢复原模拟信号。

本章重点介绍目前模拟信号数字化中常用的方法：脉冲编码调制（PCM）和增量调制（ΔM），并对这两种方法进行仿真。

7.2 取样定理仿真

7.2.1 低通取样定理

取样定理是模拟信号数字化的理论基础，它告诉人们：对于一个频带被限制在（0，$2f_H$）内的模拟信号，如果取样速率 $f_s \geqslant 2f_H$，则可以用低通滤波器从取样序列恢复原来的模拟信号；如果取样速率 $f_s < 2f_H$，就会产生混叠失真。

一个频带限制在（0，f_H）内的时间连续信号 $m(t)$，如果以 $T_s \leqslant 1/(2f_H)$ 秒的时间间隔对它进行等间隔（均匀）取样，则 $m(t)$ 将被所得到的取样值完全决定。

此定理表明：若 $m(t)$ 的频谱在某一频率 f_H 以上为零，则 $m(t)$ 的全部信息完全包含在其间隔不大于 $1/(2f_H)$ 秒的均匀取样序列里。换句话说，在信号最高频率分量的每一个周期内起码应取样两次。或者说，取样速率 f_s（每秒内的取样点数）应不小于 $2f_H$，若取样速率 $f_s <$ $2f_H$，则会产生失真，这种失真叫混叠失真，如图7-1所示。

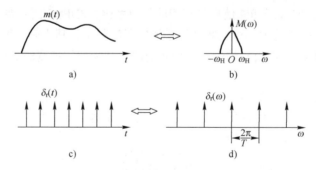

图7-1 取样过程的时间函数及对应频谱图

a）信号波形 b）信号频谱 c）取样脉冲波形 d）取样脉冲频谱

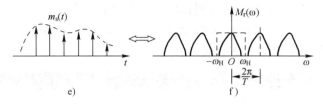

图 7-1　取样过程的时间函数及对应频谱图（续）

e）信号取样波形　f）信号取样频谱

7.2.2　低通取样定理仿真模型

【实例 7-1】仿真低通取样定理。要求：

（1）观察当 $f_s \geqslant 2f_H$ 时的原始信号波形、取样信号波形和恢复的信号波形。

（2）观察当 $f_s < 2f_H$ 时的原始信号波形、取样信号波形和恢复的信号波形，观察调制前后的波形。

（3）观察取样定理证明过程中的功率谱。

解：根据取样定理原理框图及仿真要求，构建仿真系统如图 7-2 所示。

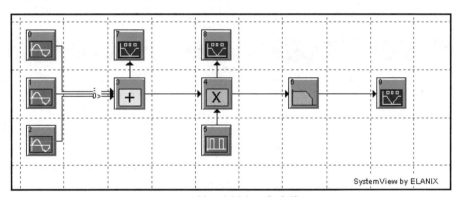

图 7-2　低通取样定理仿真模型

其中：

图符 0：为 1 V、8 Hz 的正弦波。

图符 1：为 1 V、10 Hz 的正弦波。

图符 2：为 1 V、12 Hz 的正弦波。

图符 3：相加，用于模拟信号源。

图符 4：将模拟信号源与周期脉冲序列相乘得到取样信号序列，完成取样。

图符 5：产生周期脉冲序列。

图符 6：是一个 Butterworth 低通滤波器，从取样序列中恢复原模拟信号，其截止频率应大于信号的最高频率，本例取截止频率为 14 Hz。

图符 7、8、9 分别显示原模拟信号、取样序列和通过低通滤波器恢复的模拟信号的波形。

（1）观察当 $f_s \geqslant 2f_H$ 时的原始信号波形、取样信号序列和恢复的信号波形。

信号源产生的模拟信号最高频率为 12 Hz，将图符 5 的频率设置成 40 Hz，脉冲宽度设置成 0.001 s。即取样频率为 40 Hz，大于模拟信号最高频率的两倍。

设置系统运行时间：样点数为 1024，取样速率为 1000 Hz。运行系统，模拟信号源、取样序列和恢复的信号波形如图 7-3 所示。

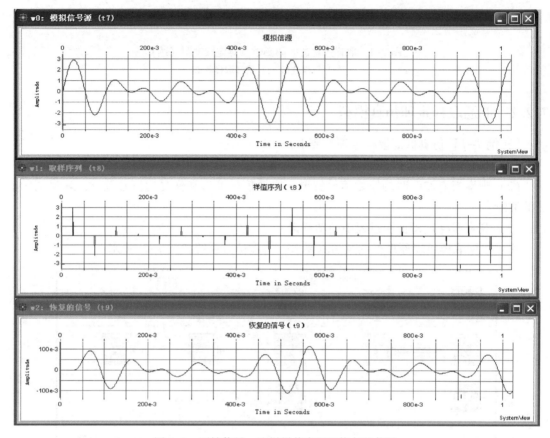

图 7-3　原始信号、取样样值序列和恢复的信号

对比原模拟信号波形和恢复的信号波形可以看出，在该取样速率下，信号能够被完整地恢复，没有失真。

（2）观察当 $f_s < 2f_H$ 时的原始信号波形、取样信号波形和恢复的信号波形，观察调制前后波形。

将取样速率改为 20 Hz（即将图符 5 的频率改为 20 Hz），重新运行系统，得到的恢复信号波形如图 7-4 所示。从图中看出，失真十分明显。

（3）观察取样定理证明过程中的功率谱。

为了更清楚地显示取样和恢复过程中信号的频谱变化，将模拟信号改为频率扫描信号，即将图符 0、1、2、3 去掉，用频率扫描信号源代替，仿真模型如图 7-5 所示。

设置图符 0 参数：幅度为 1 V，起始频率 10 Hz，终止频率 35 Hz。将图符 5 的频率改为 100 Hz，将图符 6 的截止频率设置为 40 Hz。

系统运行时间：样点数 4096，取样速率 1000 Hz。运行系统，进入分析窗，观察原模拟信号、取样后序列和恢复的信号的频谱，如图 7-6 所示。

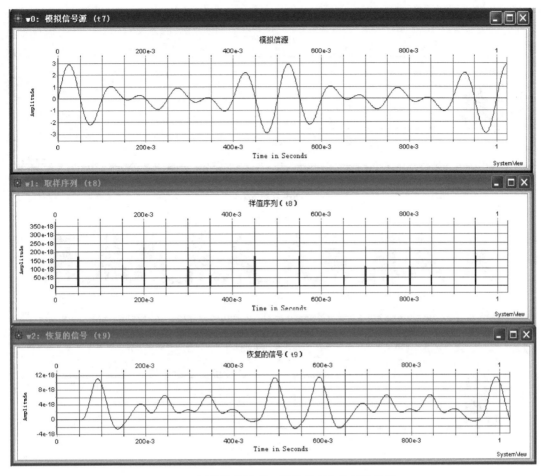

图 7-4　原始信号波形、样值序列和恢复的信号

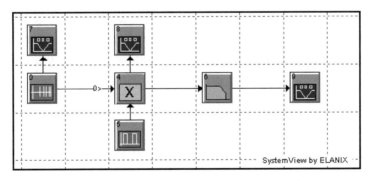

图 7-5　仿真模型

可见，取样序列的频谱是原模拟信号的周期重复，重复周期为取样速率，本例中取样速率为 100 Hz。改变取样速率，再运行系统，可清楚地看出这一点。

7.2.3　带通取样定理

上面讨论和证明了频带限制在 $(0, f_H)$ 的低通型信号的均匀取样定理。实际中遇到的许

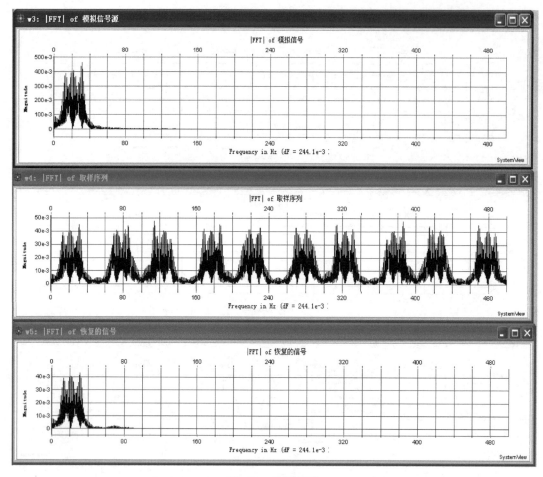

图 7-6 信号频谱

多信号是带通信号。如果采用低通取样定理的取样速率 $f_s \geqslant 2f_H$，对频率限制在 f_L 与 f_H 之间的带通型信号取样，肯定能满足频谱不混叠的要求，如图 7-7 所示。但这样选择 f_s 太高了，它会使 $0 \sim f_L$ 之间一大段频谱空隙得不到利用，降低了信道的利用率。为了提高信道利用率，同时又使取样后的信号频谱不混叠，f_s 应该怎样选择呢？带通信号的取样定理将回答这个问题。

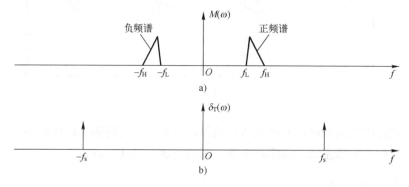

图 7-7 带通信号的取样频谱 $(f_s = 2f_H)$

a) 带通信号频谱   b) 取样脉冲频谱

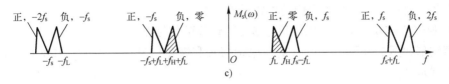

图 7-7 带通信号的取样频谱（$f_s = 2f_H$）（续）

c）带通信号的取样频谱

带通取样定理：一个带通信号 $m(t)$，其频率限制在 f_L 与 f_H 之间，带宽为 $B = f_H - f_L$，如果最小取样速率 $f_s = 2f_H / m$，m 是一个不超过 f_H / B 的最大整数，那么 $m(t)$ 可完全由其取样值确定。

7.2.4 带通取样定理仿真模型

【实例 7-2】仿真带通取样定理。要求：

（1）观察 $f_s = 2B$ 的原始信号波形、恢复的信号波形。

（2）观察 $f_s = 3B$ 的原始信号波形、恢复的信号波形。

（3）观察 $f_s = 4B$ 的原始信号波形、恢复的信号波形。

（4）观察取样定理证明过程中的功率谱。

解：根据带通取样定理原理框图及仿真要求，构建仿真系统如图 7-8 所示。

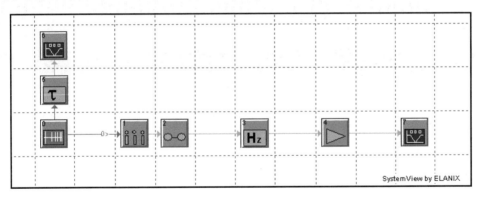

图 7-8 实例 7-2 仿真系统

其中：

图符 0：产生频率为 14~16 Hz 的扫频信号，取样速率为 1000 Hz。考虑到滤波效果，信号带宽视为 10 Hz（10~20 Hz）。

图符 1：对扫频信号进行速率为 20 Hz 的带通取样，为信号带宽的 2 倍。

图符 2：调整取样速率为 1000 Hz。

图符 3：恢复信号用带通滤波器，过渡带为 8~12 Hz 和 18~22 Hz，阻带衰减为 -40 dB。系统工作的取样速率为 1000 Hz。

图符 4：增益调整，补偿滤波造成的幅度损失。

图符 5：延迟调整单元。

图符 6、7：显示原始信号和带通取样恢复后的信号。

双击各图符可观察或修改它们的参数设置。

（1）观察 $f_s = 2B = 20\text{Hz}$ 的原始信号波形、恢复的信号波形。

观察波形如图 7-9 所示，可以发现原始信号和恢复信号误差极小，基本相同。这验证了带通取样定理。

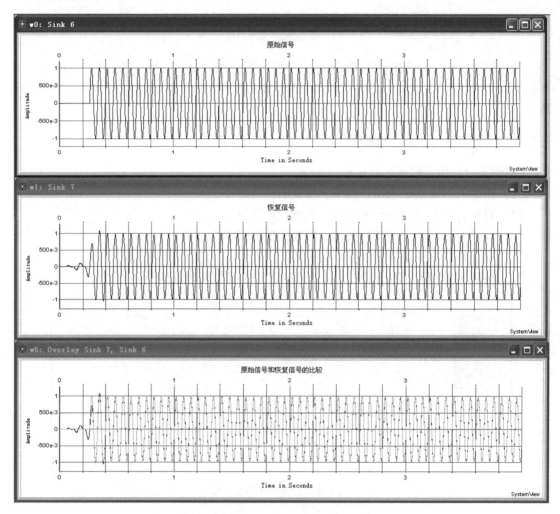

图 7-9   原始信号波形恢复的信号波形

（2）观察 $f_s = 3B = 30\,\text{Hz}$ 的原始信号波形、恢复的信号波形。

调整取样速率为 3 倍带宽，通过分析，信号的原始频谱位于 10～20 Hz。带通取样后，信号的频谱发生了混叠，输出的波形差别很大，如图 7-10 所示。

（3）观察 $f_s = 4B$ 的原始信号波形、恢复的信号波形。

因为信号占用 10～20 Hz 的频带，可以将它看成带宽是 20 Hz 的低通信号。这时取 $f_s = 4B$，可以认为是低通取样了，观察波形一致，如图 7-11 所示。这也再次验证了低通取样定理（调整图符 4 的增益为 25）。

（4）观察取样定理证明过程中的功率谱。

这个实验请读者自己完成。

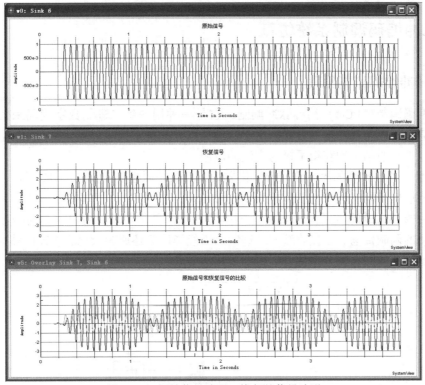

图 7-10　原始信号波形、恢复的信号波形

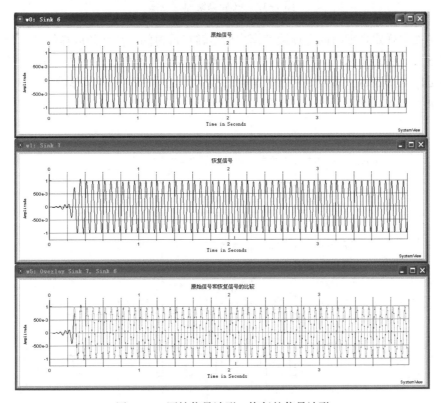

图 7-11　原始信号波形、恢复的信号波形

7.3 脉冲编码调制系统仿真

7.3.1 脉冲编码调制原理

脉冲编码调制（PCM）简称脉冲调制，它是一种用一组二进制数字代码来代替连续信号的取样值，从而实现通信的方式。由于这种通信方式抗干扰能力强，它在光纤通信、数字微波通信、卫星通信中均获得了极为广泛的应用。

PCM 是一种最典型的语音信号数字化方式，其系统原理框图如图 7-12 所示。首先，在发送端进行波形编码（主要包括取样、量化和编码三个过程），把模拟信号变换为二进制码组。编码后的 PCM 码组的数字传输方式可以是直接的基带传输，也可以是对微波、光波等载波调制后的调制传输。在接收端，二进制码组经译码后还原为量化后的样值脉冲序列，然后经低通滤波器滤除高频分量便可以得到重建信号 $\hat{m}(t)$。

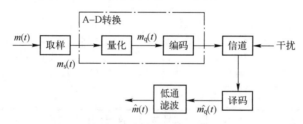

图 7-12　PCM 系统原理框图

取样是按取样定理把时间上连续的模拟信号转换成时间上离散的取样信号；量化是把幅度上仍连续（无穷多个取值）的取样信号进行幅度离散，即指定 M 个规定的电平，把取样值用最接近的电平表示；编码是用二进制码组表示量化后的 M 个样值脉冲。图 7-13 给出了 PCM 信号形成的示意图。

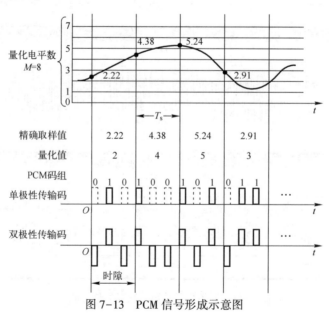

图 7-13　PCM 信号形成示意图

综上所述，PCM 信号的形成是模拟信号经过"取样、量化、编码"三个步骤实现的。其中，取样的原理已经介绍，下面主要讨论量化和编码。

为扩大量化器的动态范围，PCM 系统一般采用非均匀量化，压扩特性有 A 律和 μ 律两种。

7.3.2 脉冲编码调制原理仿真

【实例 7-3】仿真 PCM 原理。要求：

(1) 观察编码位数（量化电平数）对系统性能的影响；

(2) 观察压缩器对信号的影响。

解： 根据 PCM 原理框图及仿真要求，构建仿真系统如图 7-14 所示。

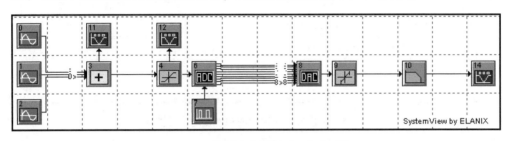

图 7-14 脉冲编码调制原理仿真系统

其中：

图符 0：产生频率为 5 Hz 的正弦信号。

图符 1：产生频率为 10 Hz 的正弦信号。

图符 2：产生频率为 15 Hz 的正弦信号。

图符 3：对图符 0、1、2 进行相加，模拟信号源。

图符 4：是压缩器，对模拟信号进行预处理，采用 A 律特性。

图符 6：是模-数转换器，完成对模拟信号的取样、量化和编码。

图符 7：提供取样时钟。

图符 8：是接收端的数-模转换器，完成对码组的译码。

图符 9：对译码后的样值进行扩张处理，消除发送端压缩器对信号的影响。

图符 10：是低通滤波器，从接收的取样序列恢复原模拟信号。

双击各图符，并选择参数按钮，可知各图符的参数设置。系统运行时间：样点数为 2048，取样速率为 1000 Hz。

(1) 观察编码位数（量化电平数）对系统性能的影响。

双击图符 6 和图符 8 并选择参数按钮，将编码位数（No. Bits）设置为 2。运行系统，原模拟信号和恢复的信号的波形图如图 7-15 所示。

对比发送信号和接收信号，可见失真较大。

重新将模数转换器和数模转换器的编码位数设置为 4，运行系统，输入、输出波形图如图 7-16 所示。

从波形图看出，增加编码位数可减小接收波形的失真。本例中当编码位数增至 4 位时，接收信号已基本没有失真。

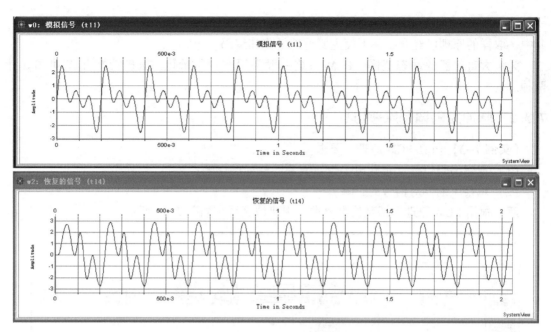

图 7-15　原模拟信号波形图和恢复的信号波形图

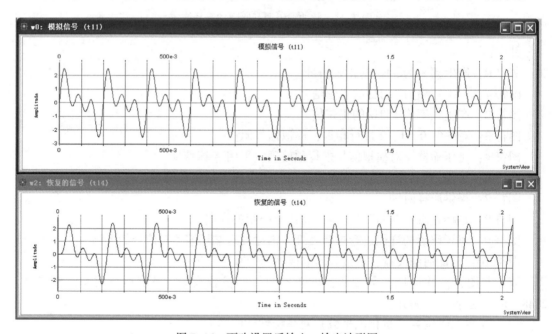

图 7-16　更改设置后输入、输出波形图

（2）观察压缩器对信号的影响。

压缩器输出波形如图 7-17 所示。

从图中可以看出，信号源波形经压缩器压缩后，发生了明显的失真。为了正确恢复原始模拟信号，接收端必须采用扩张器来消除由于压缩而引入的信号失真，扩张器的特性应与压缩器的特性互补。

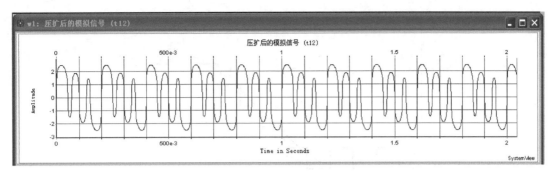

图 7-17 压缩器输出波形

7.4 增量调制系统仿真

7.4.1 增量调制原理

增量调制简称 ΔM 或 DM，它是继 PCM 后出现的又一种模拟信号数字传输的方法，可以看成是 DPCM 的一个重要特例。其目的在于简化语音编码方法。

ΔM 与 PCM 虽然都是用二进制代码表示模拟信号的编码方式，但是，在 PCM 中，代码表示样值本身的大小，所需码位数较多，从而导致编译码设备复杂，而在 ΔM 中，只用一位编码表示相邻样值的相对大小，从而反映出取样时刻波形的变化趋势，与样值本身的大小无关。

不难想到，一个语音信号，如果取样速率很高（远大于奈奎斯特速率），取样间隔很小，那么相邻样点之间的幅度变化不会很大，相邻取样值的相对大小（差值）同样能反映模拟信号的变化规律。若将这些差值编码传输，同样可传输模拟信号所含的信息。此差值又称"增量"，其值可正可负。这种用差值编码进行通信的方式，就称为"增量调制"（Delta Modulation），缩写为 DM 或 ΔM。

ΔM 与 PCM 编码方式相比具有编译码简单，低比特率时的量化信噪比高，对信道误码不敏感（抗误码特性好）等优点。在军事和工业部门的主要通信网和卫星通信中得到了广泛应用，近年来在高速超大规模集成电路中用作 A-D 转换器。本节将详细论述增量调制原理。

为了说明这个概念，请看图 7-18。图中 $m(t)$ 代表时间连续变化的模拟信号，可以用一个时间间隔为 Δt，相邻幅度差为 $+\sigma$ 或 $-\sigma$ 的阶梯波 $m'(t)$ 来逼近它。只要 Δt 足够小，即取样速率 $f_s = 1/\Delta t$ 足够高，且 σ 足够小，则阶梯波可近似代替 $m(t)$。其中，σ 为量化台阶，$\Delta t = T_s$ 为取样间隔。

阶梯波 $m'(t)$ 有两个特点：第一，在每个 Δt 间隔内，$m'(t)$ 的幅值不变；第二，相邻间隔的幅值差不是 $+\sigma$（上升一个量化阶），就是 $-\sigma$（下降一个量化阶）。利用这两个特点，用"1"码和"0"码分别代表 $m'(t)$ 上升或下降一个量化台阶 σ，则 $m'(t)$ 就被一个二进制序列表示（见图 7-18 横轴下面的序列）。于是，该序列也相当于表示了模拟信号 $m(t)$，实现了模-数转换。除了用阶梯波 $m'(t)$ 近似 $m(t)$ 外，还可用另一种形式——图中虚线所示的斜

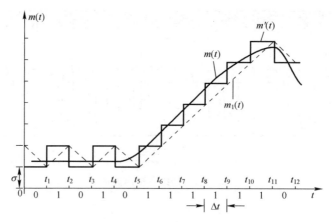

图 7-18 增量编码波形示意图

变波 $m_1(t)$ 来近似 $m(t)$。斜变波 $m_1(t)$ 也只有两种变化：按斜率 $\sigma/\Delta t$ 上升一个量阶和按斜率 $-\sigma/\Delta t$ 下降一个量阶。用"1"码表示正斜率，用"0"码表示负斜率，同样可以获得二进制序列。由于斜变波 $m_1(t)$ 在电路上更容易实现，实际中常采用它来近似 $m(t)$。

与编码对应，译码也有两种形式。一种是收到"1"码上升一个量阶（跳变），收到"0"码下降一个量阶（跳变），这样把二进制代码经过译码后变为 $m'(t)$ 这样的阶梯波。另一种是收到"1"码后产生一个正斜率电压，在 Δt 时间内上升一个量阶 σ，收到"0"码后产生一个负斜率电压，在 Δt 时间内下降一个量阶 σ，这样把二进制代码经过译码后变为如 $m_1(t)$ 这样的斜变波。考虑到电路上实现的简易程度，一般都采用后一种方法。这种方法用一个简单的 RC 积分电路，即可把二进制代码变为 $m_1(t)$ 这样的波形，如图 7-19 所示。

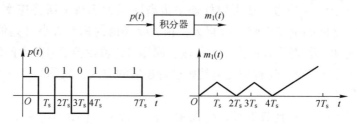

图 7-19 积分器译码原理

7.4.2 ΔM 系统仿真模型

【实例 7-4】仿真 ΔM 原理。要求：

（1）观察取样速率在 128 kHz 时的 ΔM 系统输入输出波形。

（2）观察取样速率对 ΔM 系统的影响。

解： 根据 ΔM 原理框图及仿真要求，构建仿真系统如图 7-20 所示。

其中：

图符 0：产生高斯随机噪声信号。

图符 1：低通滤波器，进行抗混叠滤波，截止频率为 3 kHz。

图符 2：增益为 1 的放大器，方便系统构造。

图符 3：延迟器，延迟 4 个取样值，方便后续的波形比较。

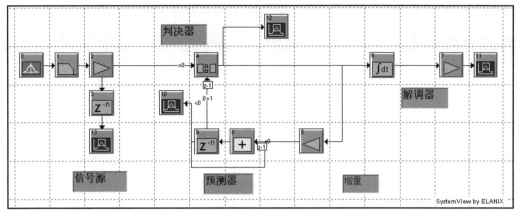

图 7-20　ΔM 系统仿真

图符 4：比较器，对信号和预测器的波形比较，从而进行判决。

图符 5：增益为 0.05 的放大器，调整信号幅度。

图符 6：积分器，进行 ΔM 译码解调。

图符 7：增益为 5000 的放大器，调整信号幅度。

图符 8：加法器，进行数字积分。

图符 9：延迟器，延迟一个取样值。

图符 10、11、12：显示波形。

（1）观察取样速率在 128 kHz 时的 ΔM 系统输入输出波形。

WYM 将系统的取样速率设为 128 kHz

点击运行，输入和输出波形如图 7-21 所示。

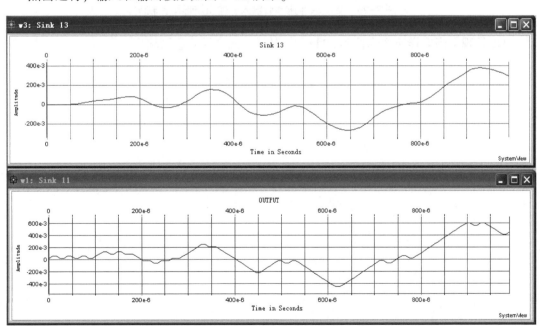

图 7-21　输入和输出波形

两者放置到一张图上，如图 7-22 所示，可以观察到两者之间的误差比较小。

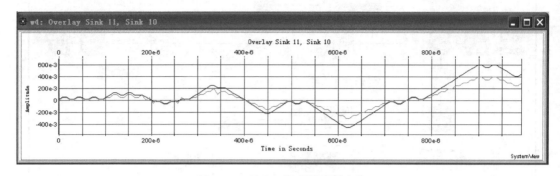

图 7-22　输入、输出波形图比较

（2）观察取样速率对 ΔM 系统的影响。

将系统的取样速率改为 32 kHz，输入和输出波形叠加在一起，如图 7-23 所示。

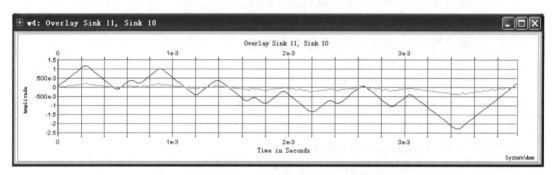

图 7-23　更改取样速率后输入、输出波形图比较

可以发现，当取样速率降低到 32 kHz 的时候，两者误差急剧增大。

第8章 同步系统

8.1 概述

同步是通信系统中一个重要的问题。当采用同步解调或相干检测时，接收端需要提供一个与发射端调制载波同频同相的相干载波。这个相干载波的获取就称为载波提取，或称为载波同步。

数字通信中，除了有载波同步的问题外，还有位同步的问题。因为消息是一串相继的信号码元的序列，解调时需要知道每个码元的起止时刻。例如在最佳接收机结构中，需要对积分器或匹配滤波器的输出进行取样判决。取样判决的时刻应位于每个码元的终止时刻，因此，接收端产生与接收码元的重复频率和相位一致的定时脉冲序列的过程称为码元同步或位同步，而称这个定时脉冲序列为码元同步脉冲或位同步脉冲。

数字通信中的消息数字流总是用若干码元组成一个"字"，又用若干"字"组成一"句"。因此，在接收这些数字流时，同样也必须知道这些"字"、"句"的起止时刻。在接收端产生与"字"、"句"起止时刻一致的定时脉冲序列，称为"字"同步和"句"同步，统称为群同步或帧同步。

当通信是在两点之间进行时，完成了载波同步、位同步和群同步之后接收端不仅获得了相干载波，而且通信双方的时标关系也解决了。这时，接收端就能以较低的错误概率恢复出数字信息。

同步系统性能的降低，会直接导致通信系统性能的降低，甚至使通信系统不能正常工作。可以说，在同步通信系统中，同步是进行信息传输的前提，正因为如此，为了保证信息的可靠传输，要求同步系统应有更高的可靠性。

本章将分别讨论载波同步、位同步和群同步的内容及其仿真。

8.2 载波同步原理

提取载波的方法一般分为两类：一类是在发送有用信号的同时，在适当的频率位置上，插入一个（或多个）称为导频的正弦波，接收端就由导频提取载波，这类方法称为插入导频法或间接法；另一类是不专门发送导频，而在接收端直接从发送信号中提取载波，这类方法称为直接法。

本节主要仿真 Costas 环载波同步方法。

8.2.1 Costas 环提取同步载波原理

Costas 环是一种直接法载波同步方法，它从接收信号中直接提取出载波同步信号。它的原理框图如图 8-1 所示。加在两个相乘器上的本地信号分别为压控振荡器的输出信号 $\cos(\omega_c t+\theta)$ 和它的正交信号 $\sin(\omega_c t+\theta)$。因此通常称这种环路为同相正交环或科斯塔斯环（Costas 环）。

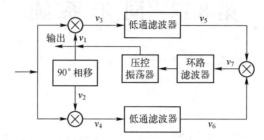

图 8-1　同相正交法提取载波

设输入的抑制载波双边带信号为 $m(t)\cos(\omega_c t)$，则

$$v_3 = m(t)\cos(\omega_c t)\cos(\omega_c t+\theta) = \frac{1}{2}m(t)\left[\cos\theta+\cos(2\omega_c t+\theta)\right] \qquad (8-1)$$

$$v_4 = m(t)\cos(\omega_c t)\sin(\omega_c t+\theta) = \frac{1}{2}m(t)\left[\sin\theta+\sin(2\omega_c t+\theta)\right] \qquad (8-2)$$

经低通滤波后的输出分别为

$$v_5 = \frac{1}{2}m(t)\cos\theta \qquad (8-3)$$

$$v_6 = \frac{1}{2}m(t)\sin\theta \qquad (8-4)$$

低通滤波器应该允许 $m(t)$ 通过。将 v_5 和 v_6 加加相乘器上，得

$$v_7 = v_5 v_6 = \frac{1}{8}m^2(t)\sin2\theta \qquad (8-5)$$

式中，θ 是压控振荡器输出信号与输入已调信号载波之间的相位误差。当 θ 较小时，

$$v_7 \approx \frac{1}{4}m^2(t)\theta \qquad (8-6)$$

式（8-6）中 v_7 的大小与相位误差 θ 成正比，它就相当于一个鉴相器的输出。用 v_7 去调整压控振荡器输出信号的相位，最后使稳态相位误差减小到很小的数值。这样压控振荡器输出 v_1 就是所需提取的载波。

同相正交环的工作频率是载波频率本身，而平方环的工作频率是载波的两倍。显然当载波频率很高时，工作频率较低的同相正交环路易于实现。

8.2.2　载波同步仿真

【实例 8-1】仿真 Costas 环系统。要求：

（1）观察 Costas 环系统的各点波形。

（2）观察相位模糊问题。

解： 根据 Costas 原理框图及仿真要求，构建 Costas 环仿真系统如图 8-2 所示。

图符 0：产生正弦型的"1"变"0"不变 2PSK 信号，码元速率设置为 10 波特，调制

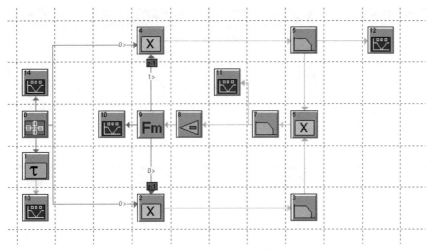

图 8-2 Costas 环仿真模型

载波频率为 20 Hz。为得到余弦型的 2PSK 信号，可将其相位设为 90°，用此信号仿真接收端收到的信号。

图符 1：对图符 0 输出的数字基带信号经图符 1 延迟 0.05 s（半个码元宽度）后由图符 13 显示。

图符 2、4、6：乘法器。

图符 3、5、7：低通滤波器。

图符 8：是反相器，它的作用是当图符 9 输出的控制电压为正时，使压控振荡器输出载波的相位减小，反之当控制电压为负时，使压控振荡器输出载波的相位增加。经过一段时间的调整，控制电压趋近 0，图符 9 输出同步载波。

图符 9：是频率调制器，仿真压控振荡器，设置其参数，使它在受控电压为 0 时输出频率为 20 Hz、相位为 0 的正弦波和余弦波。

图符 10：显示压控振荡器输出的同步载波。

图符 11：显示控制电压的信号。

图符 12：显示解调后的基带信号。

图符 13：显示 2PSK 信号所对应的基带信号。

图符 14：显示接收的 2PSK 信号。

双击各图符可观察或修改它们的参数设置。系统时间：取样点数为 4096，取样速率为 1000 Hz。

（1）观察 Costas 环系统的各点波形。

将图符 0 的相位设置为 100°，这意味着接收信号载波有 10° 的相位偏移。刚开始工作时，环路中的图符 3 产生相位为 0 的载波信号，显然与接收信号不同相。环路经过逐步调整后，图符 3 产生相位为 10° 的载波信号，此信号与接收载波同频同相。

图符 0 产生的 "接收的 2PSK 信号" 和图符 3 提取的同步载波如图 8-3 所示（为了显示方便，图中只显示了 1024 个取样点的仿真波形，没有全部显示 4096 个取样点的仿真波形）。

环路调整过程中的控制电压变化、原基带信号波形和解调后的基带信号波形如图 8-4 所示。

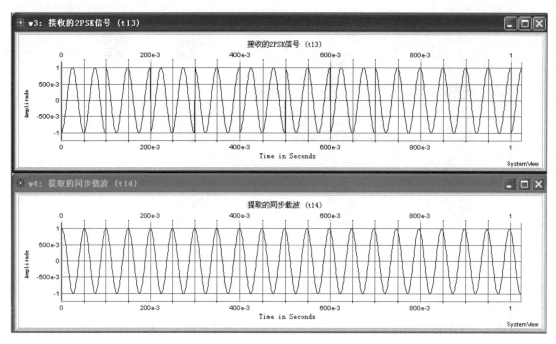

图 8-3　接收的 2PSK 信号和提取的同步载波

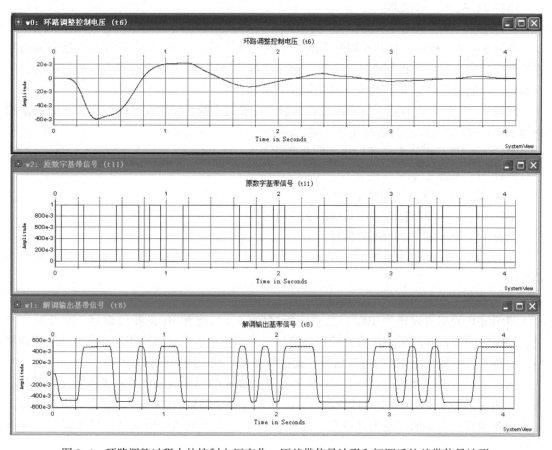

图 8-4　环路调整过程中的控制电压变化、原基带信号波形和解调后的基带信号波形

从图8-4可清晰地看到载波同步过程中控制电压的变化。当接收载波与压控振荡器产生的载波相位差大时，控制电压也大，当两者之间的相位差逐步缩小时，控制电压也随之减小，最终达到载波同步时，控制电压趋近于0。

需要注意的是，解调输出与原基带信号反相是因为调制规则是"1"变"0"不变。因此，后面的取样判决器判决规则应为：取样值大于0判为"0"码，小于0判为"1"码。

（2）相位模糊仿真演示

加大接收信号的相位偏移，设置图符0的相位为200°，即相偏为110°。Costas环到达稳定（控制电压趋近0）时图符3输出的同步载波与接收信号中载波之间的相位相差180°，此时解调输出反相。有关波形图如图8-5所示。

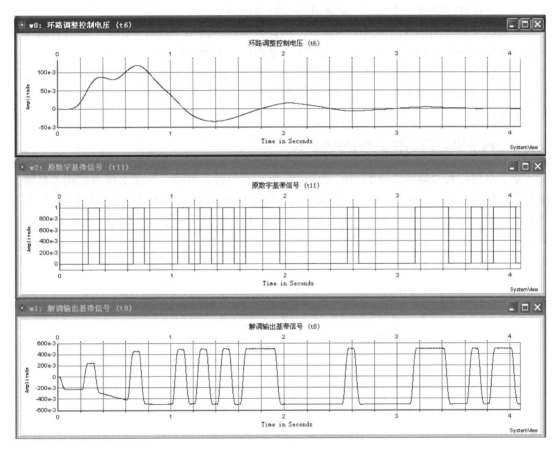

图8-5　相位模糊仿真演示

此时，取样判决器对解调输出基带信号进行取样判决，恢复的数字基带信号与发送的信号完全相反。

Costas环出现载波反相的原因是环路除了可以锁定在0°外还可以锁定在180°（360°内），当环路锁定在180°时，图符3输出反相载波。

8.3 位同步

数字通信中，位同步用来确定每个码元的起止时刻，从而可以得到最佳的取样判决时刻。例如在最佳接收机结构中，需要对积分器或匹配滤波器输出的最佳时刻进行取样判决。因此，接收端产生与接收码元的重复频率和相位一致的定时脉冲序列的过程称为码元同步或位同步，而称这个定时脉冲序列为码元同步脉冲或位同步脉冲。

实现位同步的方法也和载波同步类似，分为插入导频法和直接法两类。这两类方法有时也分别称为外同步法和自同步法。

插入导频法与载波同步时的插入导频法类似，它是在基带信号频谱的零点插入所需的导频信号，在接收端提取这个信号，从而获得位同步信号。

直接法是发送端不专门发送导频信号，而直接从数字信号中提取位同步信号的方法。这是数字通信中经常采用的一种方法。滤波法、早迟门法和数字锁相法都是直接法。其中早迟门法主要是针对有成型的数字基带信号（如平方根升余弦数字基带信号），数字锁相环法是针对没有成型的数字基带信号（如不归零单极性码）。下面主要以早迟门法为例来讲解位同步的仿真。

8.3.1 基于早迟门的位同步原理算法

基于早迟门符号同步算法利用的是信号波形的对称性，即经过匹配滤波器或相关器输出信号是对称的，如图 8-6 所示。对于图 8-6a 所示的矩形脉冲，匹配滤波器的输出在 $t=T$ 时达到最大值，如图 8-6b 所示。只要取样值在峰值上，就能够保证符号同步。在采用无误码间串扰的波形情况下，如平方根升余弦波形，也有类似的结论。为了便于理解，这里我们采用矩形波形来进行讲解。

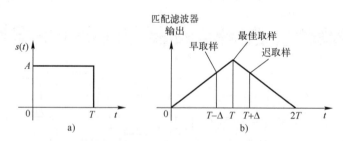

图 8-6　矩形波形示意图

a）短形脉冲　b）匹配滤波器的输出

在噪声存在的情况下，如果没有在峰值点对信号取样，而在 $t=T-\Delta$ 时早取样，或在 $t=T+\Delta$ 时迟取样，那么由于自相关函数对于最佳取样时刻 $t=T$ 是偶函数，早取样值的绝对值和迟取样值的绝对值就相等。在这种条件下，适当的取样时刻应该是在 $t=T-\Delta$ 和 $T+\Delta$ 之间的中间。这一条件构成了早迟门同步器的基础。

早迟门同步器的结构如图 8-7 所示。

下面对其进行简单的说明。

根据信号的特点，信号的波形对称于最佳取样时刻。本方法是利用信号脉冲波形对称性

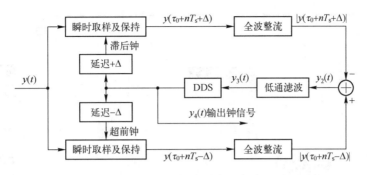

图 8-7 早迟门位同步示意图

的特点来进行位同步的。在图 8-7 中，用 $y(t)$ 表示接收匹配滤波器的输出信号波形，假设在眼图张开最大时进行取样，即在最佳时刻进行取样，得到的取样值为 $y(\tau_0+nT_s)$，τ_0 是最佳取样相位。

设 Δ 是偏离最佳取样时刻的偏离值，如图 8-7 所示，在偏离值为 Δ 的两个取样时刻是相等的，一个为超前取样，用 $y(\tau_0+nT_s-\Delta)$ 表示；另一个为滞后取样，用 $y(\tau_0+nT_s+\Delta)$ 表示，即：

$$| y(\tau_0+nT_s-\Delta) | \approx | y(\tau_0+nT_s+\Delta) |$$

但是在未同步时的取样相位 $\tau \neq \tau_0$，此时的超前取样为 $y(\tau+nT_s-\Delta)$，滞后取样为 $y(\tau+nT_s+\Delta)$，分别将它们全波整流，得到 $| y(\tau+nT_s-\Delta) |$ 及 $| y(\tau+nT_s+\Delta) |$。再将两者相减，得到：

$$y_2(t) = | y(\tau+nT_s-\Delta) | - | y(\tau+nT_s+\Delta) |$$

再将 $y_2(t)$ 经过低通滤波，得到输出 $y_3(t)$。

将 $y_3(t)$ 送给 DDS，控制 DDS 的频率。若 DDS 产生的时钟是最佳定位相位，即 $\tau=\tau_0$，则 $y_3(t)$ 为 0；若 τ 超前于 τ_0，则 $y_3(t)$ 是负值；若 τ 滞后于 τ_0，则 $y_3(t)$ 是正值。正的控制电压将增大 DDS 的频率，负的电压将减小 DDS 的频率。在符号同步时，DDS 将输出时钟信号，同步于接收信号的符号速率。注意，该电路要避免输入数据全"1"或"0"的情况。

基于早迟门的符号同步算法在无线通信信号处理中获得了广泛应用，下面就以此为例，用 SystemView 进行实现，以期加深读者的理解。

8.3.2　基于早迟门算法的位同步仿真

【实例 8-2】仿真早迟门位同步算法。要求：

（1）观察当信道延迟为 5.2 μs（约一个取样时间）的信号波形、取样信号波形和环路滤波波形。

（2）调整信道延迟为 8 μs，观察环路是否可以有效同步。

解：根据早迟门位同步原理框图及仿真要求，构建仿真系统如图 8-8 所示。

其中：

图符 0：PN 码产生器，产生随机序列，速率为 9.6 kBaud。

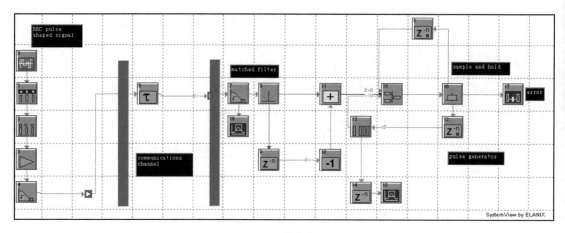

图 8-8　构建仿真系统

图符 1：Resample（重新取样器），对随机序列重新取样，取样速率为 9.6 kHz。

图符 2：Sampler（取样器），对随机序列重新取样，取样速率为 192 kHz。

图符 3：增益控制器，调整信号幅度，增益为 20 倍。

图符 4：滚降系数为 0.35 的平方根升余弦滤波器，对取样信号进行成型滤波。

图符 5：延迟器，延迟 1 个取样时间（1/(192e+3)s，约 5.2 μs）。

图符 6：延迟器，延迟 1 个取样时间（1/(192e+3)s，约 5.2 μs），该延迟体现信道的延迟。

图符 7：滚降系数为 0.35 的平方根升余弦滤波器，对信号进行匹配滤波。

图符 8：整流器，对信号进行整流，将信号全部转变为正值。

图符 9：延迟器，延迟 10 个取样时间（10/(192e+3)s，约 52 μs）。

图符 10：反向器，对图符 9 输出的信号进行反向操作。

图符 11：相加器，将间隔 10 个取样时间的取样值相加，由于有图符 10 的反向器，所以图符 11 的输出为两个样值的差值，结果和图 8-7 中的 $y_2(t)$ 一致。

图符 12：延迟器，延迟 1 个取样时间（1/(192e+3)s，约 5.2 μs）。

图符 13：数字调频脉冲产生器，作用和图 8-7 中的 DDS 一样，产生频率和相位可控的脉冲序列。

图符 15：选择器，根据图符 16 的输出来选择。

图符 16：平均器，对 10 ms 的信号进行平均，得到平均电压控制图符 13。

（1）观察当信道延迟为 5.2 μs（约一个取样时间）的信号波形、取样信号波形和环路滤波波形，如图 8-9 所示。

可以看到，系统的环路滤波输出趋向 0，系统可以有效地锁定。将波形的前面 5 ms 和后面 5 ms 分别放大，进行观察，分别如图 8-10 和图 8-11 所示。

在前面 5 ms，系统还没有锁定，取样脉冲没有对齐波形的最佳取样时刻。

在后面 5 ms，系统锁定，取样脉冲对齐波形的最佳取样时刻。

（2）调整信道延迟为 8 μs，观察环路是否可以有效同步。

调整信道的延迟为 8 μs，继续仿真，可以得到类似的结果，不再赘述。

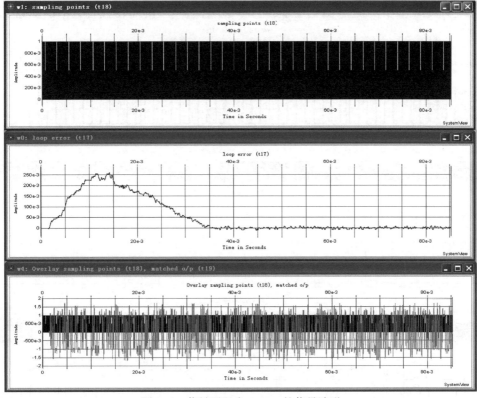

图 8-9　信号延迟为 5.2 μs 的信号波形

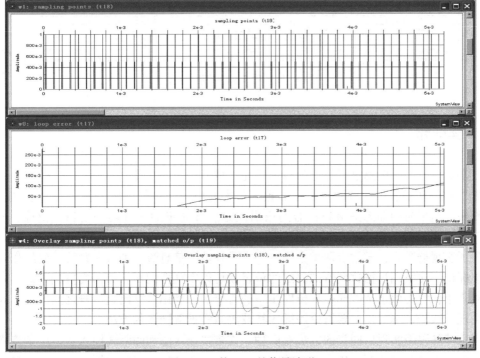

图 8-10　前 5 ms 的信号波形

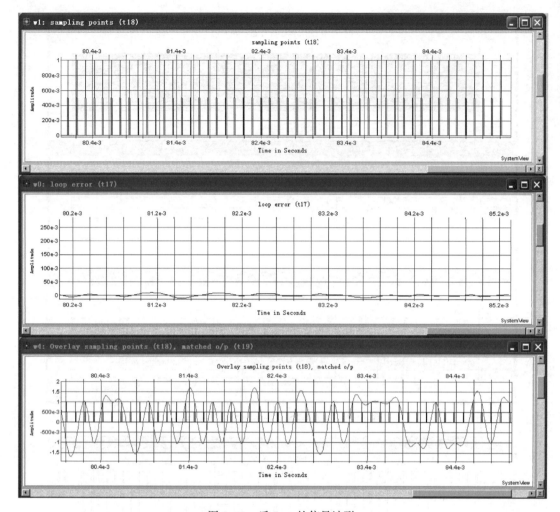

图 8-11　后 5 ms 的信号波形

8.4　群同步

　　数字通信时，一般总是以一定数目的码元组成一个个的"字"或"句"，即组成一个个的"群"进行传输，因此群同步信号的频率很容易由位同步信号经分频得出，但是，每个群的开头和结尾时刻却无法用分频器的输出决定。群同步的任务就是要给出这个"开头"和"结尾"的时刻。群同步有时又称为帧同步。

　　为了实现群同步，通常有两类方法：一类是在数字信息流中加入一些特殊码组作为每群的头尾标记，接收端根据这些特殊码组的位置就可以实现群同步；另一类方法不需要外加的特殊的码组，它类似于载波同步和位同步中的直接法，利用数据码组本身之间彼此不同的特性来实现自同步。本节将主要讨论用插入特殊码组实现群同步的方法。

　　插入特殊码组实现群同步的方法有两种：连贯式插入法和间隔式插入法。所谓连贯式插入法，就是在每个群的开头集中插入群同步码组的方法；所谓间歇式插入法，就是在某些情况下，群同步码组不是集中插入在信息码流中，而是将其分散地插入，即每隔一定数量的信息码元，插入一个群同步码元。本节在实验中主要仿真一种典型的连贯式插入法（巴克码连贯式插入法）。

8.4.1 巴克码同步法原理

巴克码是一种非周期序列。一个 n 位的巴克码组为 $\{x_1, x_2, x_3, \cdots, x_n\}$，其中，$x_i$ 取值为 $+1$ 或 -1，它的局部自相关函数为：

$$R(j) = \sum_{i=1}^{n-j} x_i x_{i+j} = \begin{cases} n, & j = 0 \\ 0 \text{ 或 } \pm 1, & 0 < j < n \\ 0, & j \geqslant n \end{cases} \tag{8-7}$$

目前所找到的所有巴克码组见表 8-1。

表 8-1　巴克码组

n	巴 克 码 组
2	++
3	++-
4	+++-;++-+
5	+++-+
7	+++--+-
11	+++---+-+-
13	+++++--++-+-+

以七位巴克码组 $\{+++--+-\}$ 为例，求出它的自相关函数如下：

当 $j = 0$ 时：$R(j) = \sum_{i=1}^{7} x_i{}^2 = 1 + 1 + 1 + 1 + 1 + 1 + 1 = 7$

当 $j = 1$ 时：$R(j) = \sum_{i=1}^{6} x_i x_{i+1} = 1 + 1 - 1 + 1 - 1 - 1 = 0$

按式（8-7）可求出 $j = 2, 3, 4, 5, 6, 7$ 时的 $R(j)$ 值分别为 -1，0，-1，0，-1，0；另外，再求出 j 为负值时的自相关函数值，两者一起画在图 8-12 中。由图可见，其自相关函数在 $j = 0$ 时出现尖锐的单峰。

巴克码识别器是比较容易实现的，这里以七位巴克码为例，使用七级移位寄存器、相加器和判决器，如图 8-13 所示。

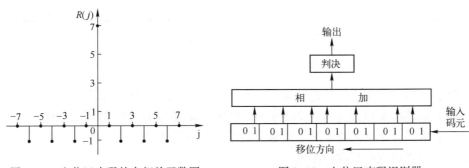

图 8-12　七位巴克码的自相关函数图　　　　图 8-13　七位巴克码识别器

当输入数据的"1"存入移位寄存器时，"1"端的输出电平为+1，而"0"端的输出电平为-1；反之，存入数据"0"时，"0"端的输出电平为+1，"1"端的电平为-1。各移位寄存器输出端的接法和巴克码的规律一致，这样识别器实际上就是对输入的巴克码进行相关运算。当七位巴克码在图8-14中的 t_1 时刻正好全部进入了7级移位寄存器时，7个移位寄存器的输出端都输出+1，相加后最大输出+7；若判决器的判决门限电平为+6，那么就在七位巴克码的最后一位"0"进入识别器时，识别器输出一同步脉冲表示一群的开头，如图8-14所示。

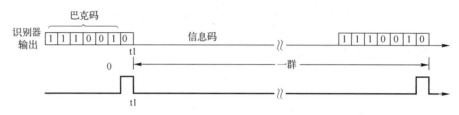

图8-14　识别器的输出波形

8.4.2　基于巴克码识别器的群同步仿真

【实例8-3】 仿真巴克码帧同步系统。要求：

(1) 构建系统，观察巴克码同步的过程和波形。

(2) 调整门限，观察同步输出波形，理解门限对同步的影响。

解：根据仿真的目的构建同步系统，如图8-15所示，观察在插有群同步码组（7位巴克码）的码流中检测出同步码组的过程。

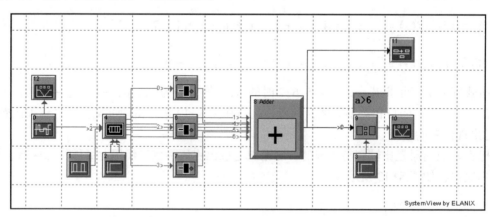

图8-15　巴克码识别器仿真模型

其中：

图符0：产生速率为100波特、幅度为1V的单极性二进制随机信号。

图符1：给移位寄存器提供一个频率为100Hz、宽度为0.005s的周期时钟。

图符2：提供连接到图符4的B端和复位端的高电位信号。

图符3：提供巴克码判决门限值。

图符4：8位移位寄存器，它有A、B两个数据输入端，"与"运算后作为移位寄存器的数据输入，这里将图符 0 输出的数据连接到 A、B 端接高电位，这样图符 0 的输出就是移位寄存器的输入。要使移位寄存器正常工作，还必须将其复位端 MR* 接高电平。

图符 5：反向器。

图符 6：反向器。

图符 7：反向器。

图符 8：相加器。

图符 9：比较器，根据门限进行判决。

由于巴克码只有 7 位，所以这里只使用了移位寄存器中的 7 位 $Q_0 \sim Q_6$。当移位寄存器的某一位接收到"1"码时，输出电压 1 V，当接收到"0"码时，输出电压 -1 V。图符 8 所示的相加器对移位寄存器的 7 位输出相加，相加值 a 为

$$a = \overline{\overline{Q_0}} + Q_1 + \overline{\overline{Q_2}} + \overline{\overline{Q_3}} + Q_4 + Q_5 + Q_6 \tag{8-8}$$

a 与门限 6 进行比较，当 $a > 6$ 时，识别器检测到巴克码组，输出群同步信号。将鼠标放置到图符上可看到各图符的参数及连接关系。

将鼠标放置到图符上，单击右键，在快捷菜单中单击"Help"，打开帮助文件，可查看图符的使用说明。

（1）构建系统，观察巴克码同步的过程和波形。

门限设置为 6 时，设置系统时间：样点数 1024，取样速率为 1000Hz。

反复运行，当图符 6 产生的随机序列中有巴克码时，图符 11 就有输出脉冲，此时的波形图如图 8-16 所示。

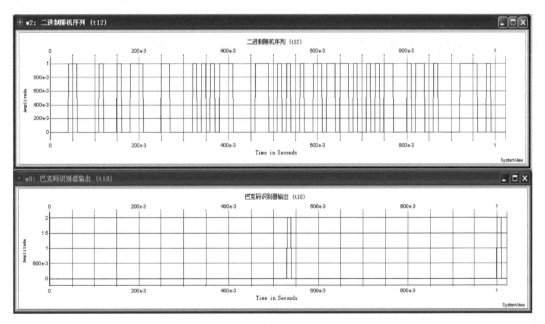

图 8-16　输出脉冲波形

对比这两个波形图可见，当二进制随机序中出现巴克码组"1110010"时，巴克码识别器输出一个脉冲，表示检测到一个巴克码组。

（2）调整门限，观察同步输出波形。

将图符 3 的幅度改为 4，运行系统，二进制随机序列及巴克码识别器输出波形如图 8-17 所示。

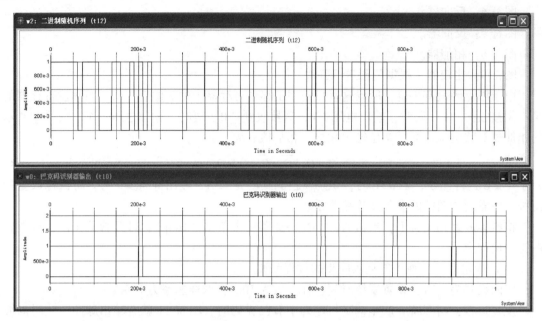

图 8-17　二进制随机序列及巴克码识别器输出波形

进入分析窗，通过光标定位可知，巴克码识别器输出的脉冲和巴克码不一样了，由于门限的降低，在和巴克码相差 1 个码元的地方也错误识别出了巴克码。

第9章 信道编码

9.1 概述

信道编码，又称为差错控制编码、纠错码、抗干扰编码或可靠性编码，它是提高数字信号传输可靠性的有效方法之一。它产生于 20 世纪 50 年代，发展于 60、70 年代，随着 Turbo 码、LDPC 码和 Polar 码的发明而趋于成熟。本章主要分析差错控制编码的基本方法及纠错编码的基本原理、常用检错码、线性分组码的构造原理及其应用。学习编码，一方面必须从它的构造理论来进行理解和把握，另一方面可以利用计算机对信道编码进行仿真。下面主要以奇偶校验码和汉明码为例进行仿真。

9.2 奇偶校验码

9.2.1 奇偶校验码编译码原理

以长度为 4 的偶校验码为例，码长为 4 的码字可表示为 $a_3a_2a_1a_0$，其中 $a_3a_2a_1$ 为信息元，a_0 为监督元，根据偶校验码的编码规则，可得监督元与信息元之间的关系为

$$a_0 = a_3 \oplus a_2 \oplus a_1 \tag{9-1}$$

当给定信息元 $a_3a_2a_1$ 时，由式（9-1）即可求出监督元 a_0，三位信息元与一位监督元组成一个码字 $a_3a_2a_1a_0$。

经过信道传输后，接收端收到码字为 $b_3b_2b_1b_0$。接收端译码器检查码字 $b_3b_2b_1b_0$ 中 "1" 码元的个数，当 "1" 码元的个数为偶数时，说明接收码字没有错误，否则，说明接收码字有错。所以，偶校验码的译码可通过对码字求异或运算来完成，计算式为

$$S = b_3 \oplus b_2 \oplus b_1 \oplus b_0 \tag{9-2}$$

当 $S=0$，接收码字中无错误，当 $S=1$，接收码字中有错误。

9.2.2 奇偶校验码编译码的仿真

【实例 9-1】仿真偶校验码。要求：

（1）观察编码器的信号波形。

（2）观察译码器波形，观察译码器是如何发现错误的。

解：根据以上偶校验码的编码、译码方法即可构建相应的仿真系统。编码器仿真模型如图 9-1 所示。

其中：

图符 0：产生高斯随机信号，模拟信道噪声。

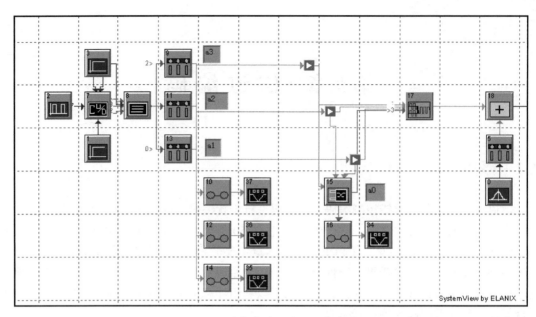

图 9-1 四位偶校验码编码器仿真模型

图符 1：提供计数器需要的高电平信号。

图符 2：产生周期为 1 s、脉冲宽度为 0.5 s 的矩形脉冲序列，作为图符 7 计数器的计数脉冲。

图符 3：提供计数器需要的高电平信号。

图符 5：重新取样器，对噪声重新进行取样。

图符 7：十六进制计数器，保证它工作在计数状态的使能信号由图符 1 和图符 3 提供。

图符 8：可编程存储器（PROM），有三个地址线 $A_2A_1A_0$，共有八个存储单元，每个单元可存放八位二进制数。本例中存放的八个数据分别为 $(00)_H$、$(01)_H$、$(02)_H$、$(03)_H$、$(04)_H$、$(05)_H$、$(06)_H$、$(07)_H$，这些数据中的低三位作为偶校验编码的信息。编码信息可随机产生，但为了便于观察，这个例子中采用固定数据。双击图符号，进入参数设置区可改变存储数据。

图符 9、11、13：重新取样器，对计数器输出重新进行取样，得到 $a_3/a_2/a_1$ 比特，每秒送出一次数据。

图符 10、12、14：保持电路，对 $a_3/a_2/a_1$ 比特进行保持处理，目的是使显示的波形为方波。

图符 15：异或门，完成表达式（9-1）所示的编码，输出校验位 a_0。

图符 16：保持电路，显示 a_0 为方波。

图符 17：时分多路复用器，它将输入的并行数据以串行方式输出。双击图符，进入参数设置区，将输入端数设为 4 个，每秒输入一次数据。

图符 18：相加器，加入高斯噪声。

（1）观察编码器的信号波形。

设置系统的运行时间：取样速率为 256 Hz，样点数为 3072。运行系统，得到输入信息和编码输出的波形如图9-2所示。

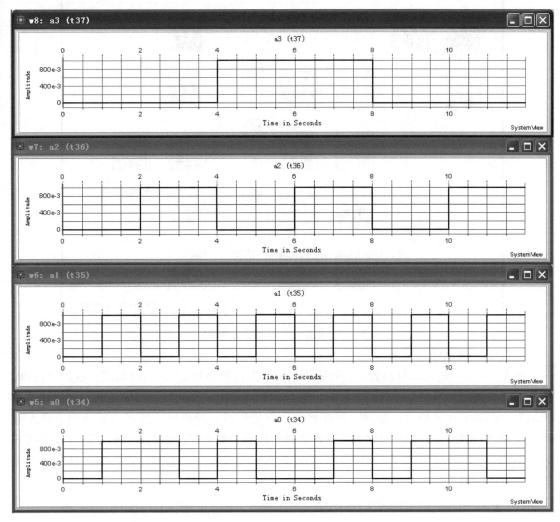

图9-2　编码器工作波形

（2）观察译码器波形，观察译码器是如何发现错误的。

偶监督码的译码器仿真模型如图9-3所示。

其中：

图符19：分路器，它完成的工作与图9-1中的图符17完成的工作刚好相反，它将来自信道的串行数据转换为并行输出的数据。其参数的设置与图符17的参数设置相同，双击图符可观察到其设置的参数为：输出端数为4，每1秒输出一次数据。

图符20、22、24、26：是比较器，当输入的数据大于图符6提供的门限电平时，输出为1，否则，输出为0。

图符21、23、25、27：是保持器，使输出码字 $b_3b_2b_1b_0$ 的每个码元在码元间隔内电平保持恒定。

图符28：对接收码字 $b_3b_2b_1b_0$ 进行译码，即根据式（9-2）计算 S。

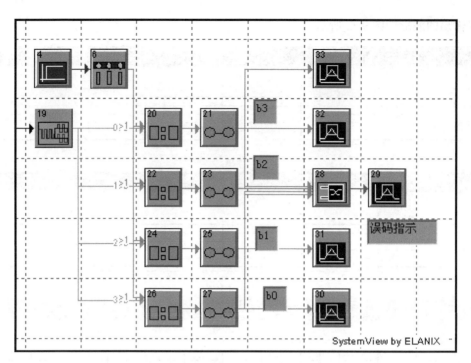

图 9-3　偶监督码译码器仿真模型

图符 29：显示译码结果。

双击图符 0，进入参数设置区，将噪声的标准差设置为 0.2 V。运行系统，进入分析窗，更新数据，关闭与编码无关的波形窗口，适当调整波形图，得到接收码字中的各位码元及译码结果波形如图 9-4 所示。显然，当接收码字有错误时，译码指示器显示正脉冲。增大噪声，可发现错码出现的频率也增大。译码器输入波形与输出波形相比，有两个码元宽度的延迟，本例中延迟时间为 2 s。延迟时间是由编码器端的多路复用器和译码器端的分路器引起的，它们各引起了一个码元宽度的时间延迟。

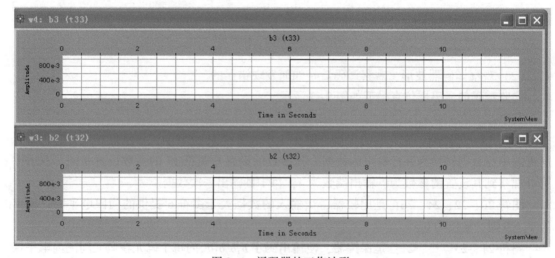

图 9-4　译码器的工作波形

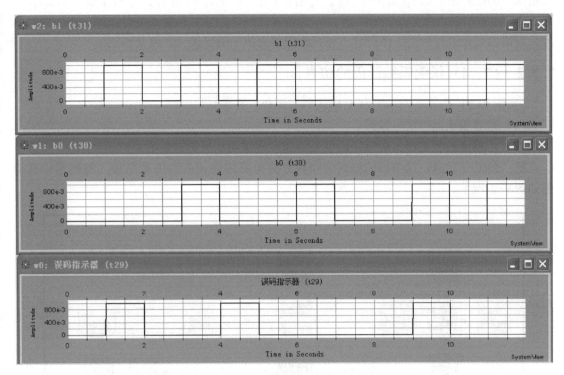

图 9-4　译码器的工作波形（续）

9.3　线性分组码

（7，4）汉明码是一种能纠正一位错误码元的效率最高的线性分组码。下面以（7，4）汉明码为例讨论线性分组码的编译码原理及仿真。

9.3.1　（7，4）汉明码编译码原理

设（7，4）汉明码的码字表示为 $a_6a_5a_4a_3a_2a_1a_0$，其中 $a_6a_5a_4a_3$ 为信息码元，$a_2a_1a_0$ 为监督码元，监督码元与信息码元的关系为

$$a_2 = a_6 + a_5 + a_4$$
$$a_1 = a_6 + a_5 + a_3$$
$$a_0 = a_6 + a_4 + a_3 \tag{9-3}$$

编码器每接收到四位信息码元，就根据式（9-3）计算出三位监督码元，四位信息码元与三位监督码元组成一个（7，4）汉明码的码字。

译码器译码时，首先计算接收码字 $b_6b_5b_4b_3b_2b_1b_0$ 的伴随式 S，计算公式为 $S = BH^T$，对于式（9-3）所示监督关系对应的监督矩阵，伴随式 S 为

$$\begin{cases} s_2 = b_6 + b_5 + b_4 + b_2 \\ s_1 = b_6 + b_5 + b_3 + b_1 \\ s_0 = b_6 + b_4 + b_3 + b_0 \end{cases} \tag{9-4}$$

根据汉明码的理论，当 $s_2s_1s_0 = 111$ 时，b_6 有错误；当 $s_2s_1s_0 = 110$ 时，b_5 有错误；当 $s_2s_1s_0 = 101$ 时，b_4 有错误；当 $s_2s_1s_0 = 011$ 时，b_3 有错误。用译码器对伴随式进行译码，产生纠错信号，对错误码元进行纠正。译码时，可只检查信息位中的错误，并将其纠正。

9.3.2 （7，4）汉明码编译码的仿真

【实例 9-2】 仿真（7，4）汉明码编码与译码。要求：

（1）观察编码器的信号波形。

（2）观察译码器波形，观察译码器是如何发现错误和纠正错误的。

解：根据（7，4）汉明码的编码、译码方法即可构建相应的仿真系统。编码器仿真模型如图 9-5 所示。

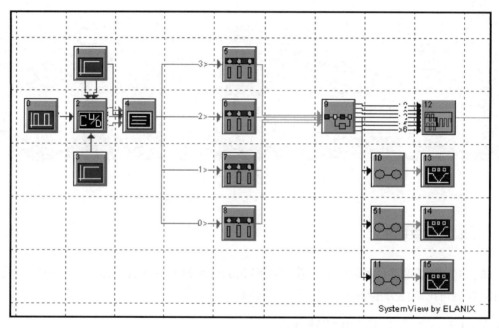

图 9-5　汉明码编码模型

其中：

图符 0、1、2、3、4：功能与参数的设置与图 9-1 中的相同，每一秒送出一组数据。

图符 5、6、7、8：取样器，由于（7，4）汉明码码字中信息位为四位，因此四位信息码元输出端的取样器有四个。

图符 10、11、51：保持电路。

图符 13、14、15：显示三位监督码元的波形。

图符 12：时分多路复用器，将输入的七位并行数据（码字）转换成串行输出数据。

图符 9：求监督码元的子系统，其内部构成如图 9-6 所示。图符 30、57、59、61 是输入图符，图符 48、58、60、62、32、50、54 是输出图符。图符 31、49 和 53 是异或电路，完成式（9-4）所示的计算，求得三位监督码元。

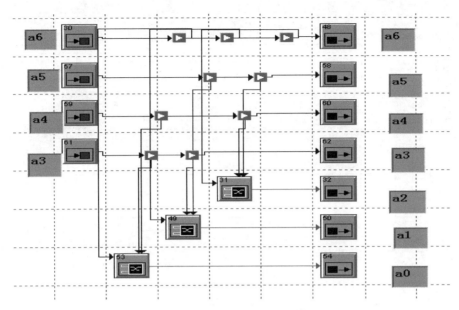

图 9-6 求监督码元的子系统

（1）观察编码器的信号波形。

设置系统运行时间：取样速率为 256Hz，点数为 3072。为便于观察编码结果，将图符 4 中八个存储单元的数据顺序设置为 $(00)_H$、$(01)_H$、$(02)_H$、$(03)_H$、$(04)_H$、$(05)_H$、$(06)_H$、$(07)_H$，每个数据中的低四位作为编码信息。运行系统，当上述数据按顺序输入时，相应的监督码元的波形如图 9-7 所示。

由图可见，每秒输出三位监督码元 $a_2a_1a_0$，当图符 4 中的数据顺序输出时，$a_2a_1a_0$ 分别是 000、011、101、110、110、101、100、000，与汉明码的监督码元比较，可见编码结果正确。改变图符 4 中的数据，运行系统，可得到其他信息输入时的监督码元，从而可得到 $(7, 4)$ 汉明码的全部码字。

（2）观察译码器波形，观察译码器是如何发现和纠正错误的。

$(7, 4)$ 汉明码译码器的仿真模型如图 9-8 所示。

其中：

图符 19：是个分路器，将接收到的七位串行数据转换成并行输出，每秒输出数据一次。

图符 21、22：给图符 20 中的 3/8 译码器提供使能信号。

图符 23、24、25、26：显示译码输出信息。

图符 27：在接收码字中出现误码时输出一个正脉冲。

图符 20：译码子系统，内部结构如图 9-9 所示。图符 37、38、39 分别根据式（9-4）计算伴随式。图符 63 是 3/8 译码器，$s_2s_1s_0$ 作为其地址输入信号，当 $s_2s_1s_0=000$ 时，意味着首接收码字中的码元没有错误，此时 3/8 译码器的 Q_0 输出低电平，误码指示器输出为 0。当 $s_2s_1s_0$ 不全为 0 时，接收码字有错误，3/8 译码器输出端 Q_0 为高电平，误码指示器输出一个正脉冲。同时，3/8 译码器中还有一个输出端输出为低电平，此低电平信号作为纠错信号，

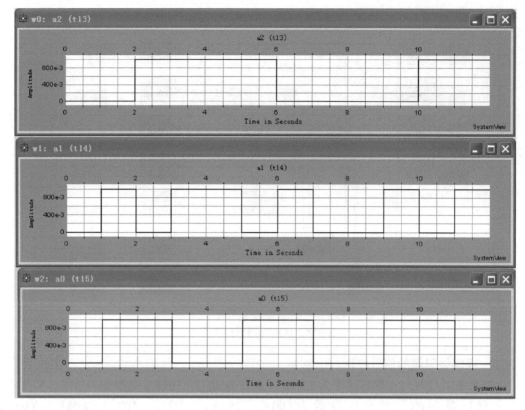

图 9-7　监督码元波形

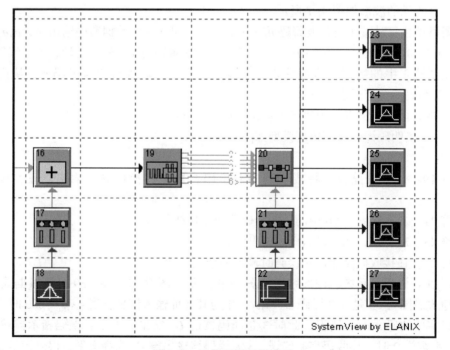

图 9-8　汉明码译码器模型

对接收码字中的相应位进行纠正。根据此（7，4）汉明码伴随式与错误位的关系，3/8 译码器的输出 Q_7、Q_6、Q_5、Q_3 可分别作为 b_6、b_5、b_4 和 b_3 的纠错信号。由于 3/8 译码器输出端低电平有效，因而对每个纠错信号取非后，再与相应的接收码元异或，将接收码字中的错误码元加以纠正。图符 73、34、55、64 分别对 3/8 译码器的输出 Q_7、Q_6、Q_5、Q_3 进行取非，图符 72、67、33、66 分别将纠错信号与相应的接收码字异或。

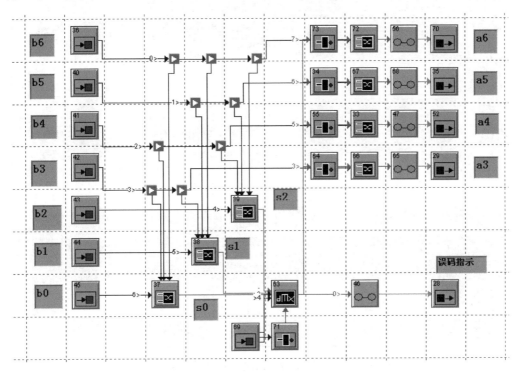

图 9-9　汉明码译码子系统内部结构

将图符 18 的标准差设置为 0.25 V，运行系统，进入分析窗，更新数据。点击工具栏上的图标 和 重新排列波形窗口。关闭与编码有关的波形窗口，对译码输出波形的位置做适当调整，得到的译码输出信息及误码指示波形如图 9-10 所示。由图 9-10 可见，当发送信息 0100 所对应的码字时，接收码字由于信道噪声的影响发生了错误，译码指示器输出一个正脉冲（此时伴随式 $s_2s_1s_0 \neq 000$），但译码后的输出信息却是正确的。如果想对比接收码字与译码后的输出信息（或码字），可对实例 9-2 稍作修改，可在分路器的输出端增加一些接收显示器。

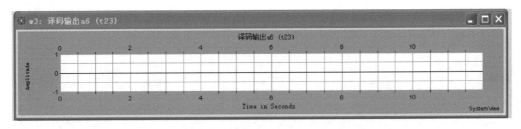

图 9-10　汉明码译码器输出信息与误码指示器波形

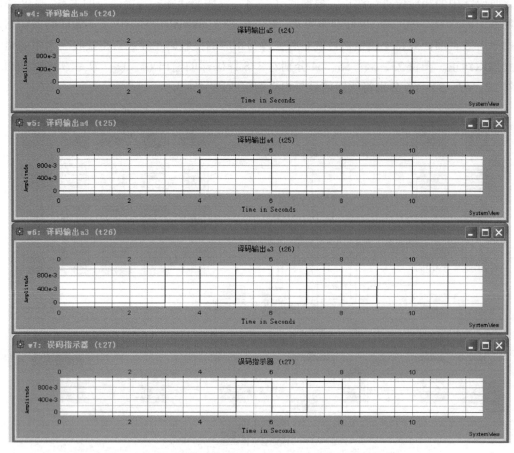

图 9-10　汉明码译码器输出信息与误码指示器波形（续）

第 10 章 课 内 实 验

实验一 SystemView 使用入门

一、实验内容

在实例 1-1 构建的仿真系统中，将信源输出余弦波的幅度改为 2 V、频率改为 5 Hz，并修改相应的注脚。

二、实验要求

1. 运行系统，记录余弦及其平方后的信号的波形图（要求标出坐标轴参数）。

2. 进入分析窗，对余弦波及其平方后的信号进行频谱分析，记录两个信号的频谱图（标出坐标轴参数）。

3. 观察两个频谱图，回答：

（1）余弦波频谱图中含有几个频率成分，频率和幅度为多少?。

（2）余弦波平方后的频谱图中含有几个频率成分，频率和幅度分别为多少?

实验二　滤波器的作用

一、实验目的

理解滤波器在抑制噪声上的作用。

二、实验内容

（1）构建相应的仿真系统。

（2）通过改变滤波器的参数，观察滤波器的作用。

三、实验步骤

1. 设计仿真模型，如图 10-1 所示。

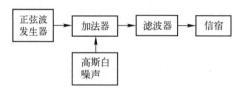

图 10-1　仿真模型

2. 构建仿真模型。

根据图 10-1 所示仿真模型构建仿真系统，如图 10-2 所示。并将系统取样速率设置为 100 kHz，样点数设置为 1000。图符作用及参数设置见表 10-1。

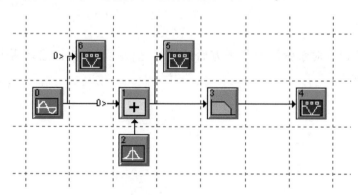

图 10-2　仿真系统

表 10-1　图符作用及参数设置

图符编号	所属图符库	功能	参数设置
0	信源	产生正弦波	Amplitude：5 V Frequency：2000 Hz
1	加法器	将正弦波与噪声相加	无
2	信源	产生高斯白噪声	方均根值：1 均值：0
3	算子	模拟低通滤波器	线性系统滤波器 模拟，极点数：5 截止频率：3000 Hz

图符编号	所属图符库	功能	参数设置
4	信宿	显示信号与噪声经低通后的输出	无
5	信宿	显示信号加噪声的混合信号波形	无
6	信宿	显示信号波形	无

四、实验结果

1. 运行系统，记录图符 4、5 和 6 的输出波形示意图。

2. 增大噪声标准差，如将标准差设置为 3，重新运行系统，记录图符 4、5 和 6 的波形。

3. 用上述实验得到的波形说明滤波器对噪声的抑制作用。

实验三　数字基带信号的功率谱分析

一、实验目的

(1) 熟悉数字基带信号的功率谱。

(2) 熟悉数字基带信号带宽与码元速率之间的关系。

二、实验内容

(1) 构建相应的仿真系统。

(2) 分析数字基带信号的功率谱。

(2) 通过改变数字基带信号的码元速率，观察数字基带信号带宽与码元速率之间的关系。

三、实验步骤

仿真建模：利用信源库中的随机序列产生器（PN Seq）即可产生二进制双极性矩形随机脉冲序列，仿真模型如图 10-3 所示，图符作用及参数设置见表 10-2。

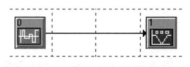

图 10-3　仿真模型

表 10-2　图符作用及参数设置

图符编号	所属图符库	功能	参数设置
0	信源	产生双极性随机矩形脉冲序列	Amplitude：1 Rate：10 Offset：0 N0. Leveles：2
1	信宿	接收数据	无

四、实验结果

1. 单击 SystemView 设计窗中工具栏上的时钟按钮 ⏰，设置样点数为 100，取样速率为 200 Hz。单击按钮 ▶，运行系统，记录图符 1 的输出波形。

2. 单击 SystemView 设计窗中工具栏上的时钟按钮 ⏱，设置样点数为 10000，取样速率为 100 Hz；单击按钮 ▶，运行系统；单击工具栏上的分析窗（Analysis Window）图标 进入 SystemView 的分析窗，单击 √ → "Spectrum" → "｜FFT｜^2" → "w0：Sink1" → "OK"，得到数字基带信号的功率谱。记录此功率谱示意图，并标出频率轴上的关键参数。指出第一个零点带宽。

3. 回到设计窗，双击信源图符 0，选择参数，进入参数设置区，将参数 Rate 改为 20。重新运行系统，并进入分析窗，点击左上角闪烁图标 ，记录功率谱示意图，标出频率轴上的关键参数，指出第一个零点带宽。

4. 根据上述实验结果，你认为数字基带信号的第一个零点带宽与数字基带信号的码元速率之间是什么关系？并对你的猜想做进一步验证。

实验四 二进制数字相位调制与解调器

一、实验目的
（1）加深理解二进制数字相位调制技术的调制与解调原理。
（2）熟悉二进制数字相位调制波形。
（3）熟悉二进制数字相位调制信号的功率谱特点。

二、实验内容
（1）构建二进制数字相位调制与解调系统仿真模型。
（2）观察调制解调器若干关键点的波形。
（3）观察调制前后信号的功率谱变化。

三、实验步骤

1. 熟悉二进制数字相位调制与解调器原理框图，如图 10-4 和图 10-5 所示。

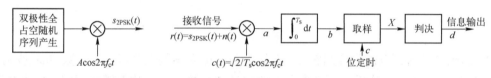

图 10-4 2PSK 调制器   图 10-5 2PSK 相干解调器

2. 构建 2PSK 调制解调器仿真系统

根据图 10-4 和图 10-5 构建仿真系统，如图 10-6 所示。图符作用及参数设置见表 10-3。

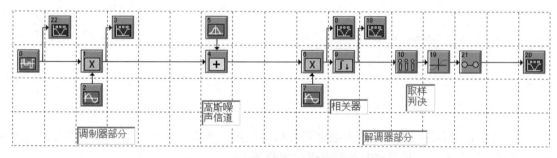

图 10-6 2PSK 调制解调系统仿真系统

表 10-3 图符作用及参数设置

图符编号	所属图符库	功能	参数设置
0	信源	产生双极性随机矩形脉冲序列	Amplitude：1 Rate：10 Offset：0 NO. Levels：2
1	乘法器	相乘	无
2	信源	产生正弦波	幅度：1 V 频率：20 Hz
3	信宿	显示 2PSK 波形	无

图符编号	所属图符库	功能	参数设置
4	加法器	相加	无
5	信源	产生高斯白噪声	Density in 1 ohm：3.125e-3
6	乘法器	相乘	无
7	信源	产生正弦波	幅度：1 V 频率：20 Hz
8	信宿	显示接收信号与载波相乘后的波形	无
9	通信	完成一个码元期间的积分	Impulse 积分时间：100e-3 Seconds
10	运算器	取样器	取样速率：10 Hz
19	函数	限幅器	Limit 输入最大值：0 输出最大值：1
20	信宿	显示解调器输出信息	无
21	运算器	保持	Hold Last Sample
22	信宿	显示输入信息	无

四、实验结果

1. 单击 SystemView 设计窗中工具栏上的时钟按钮 ⏱，设置样点数为 1000，取样速率为 1000 Hz。单击按钮▶，运行系统，记录图符 22、图符 3 和图符 20 的输出波形，并考察系统传输信息的正确性。

2. 单击 SystemView 设计窗中工具栏上的时钟按钮 ⏱ ，设置样点数为 10000，取样速率为 100 Hz；单击按钮 ▶ ，运行系统；单击工具栏上的分析窗（Analysis Window）图标 ▦ 进入 SystemView 的分析窗，单击 √ā → "Spectrum"→"│FFT│^2"→"w0:Sink3"→"OK"，得到 2PSK 信号的功率谱。记录此功率谱示意图，并标出频率轴上的关键参数。再次单击 √ā → "Spectrum"→"│FFT│^2"→"w0:Sink22"→"OK"→"否"，得到输入二进制数字基带信号的功率谱，记录此功率谱，并与 2PSK 功率谱进行比较，说明两者的关系。

实验五　二进制数字相位调制系统误码性能研究

一、实验目的

（1）加深理解二进制数字相位调制技术的调制与解调原理。

（2）理解噪声对数字传输系统性能的影响。

二、实验内容

（1）构建二进制数字相位调制系统误码性能测试仿真系统。

（2）定量测试噪声对系统误码性能的影响。

三、实验步骤

构建 2PSK 系统误码性能测试仿真系统。

在图 10-6 基础上测试功能，修改后的误码性能测试仿真系统如图 10-7 所示。图符作用及参数设置见表 10-4。

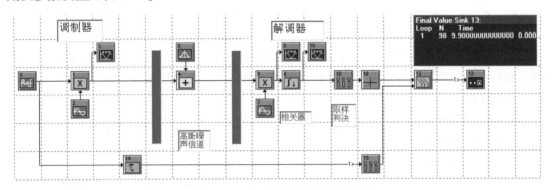

图 10-7　误码性能测试仿真系统

表 10-4　图符作用及参数设置

图符编号	所属图符库	功能	参数设置
0	信源	产生双极性随机矩形脉冲序列	Amplitude：1 Rate：10 Offset：0 NO. Leveles：2
1	乘法器	相乘	无
2	信源	产生正弦波	幅度：1 V 频率：20 Hz
3	信宿	显示 2PSK 波形	无
4	加法器	相加	无
5	信源	产生高斯白噪声	Density in 1 ohm：3.125e-3
6	乘法器	相乘	无
7	信源	产生正弦波	幅度：1 V 频率：20 Hz
8	信宿	显示接收信号与载波相乘后的波形	无
9	通信	完成一个码元期间的积分	Impulse 积分时间：100e-3 Seconds

图符编号	所属图符库	功能	参数设置
10	算子	取样器	取样速率：10 Hz
12	通信	误码率统计器	处理器 BER 串长：1 门限：250e-3 偏移：1 Bits or Symbols
13	信宿	显示图符 12 的输出 1 的误码率	Numeric
14	算子	延迟器	延迟时间：100e-3 其 out 1 接到图符 15
15	算子	取样器	取样速率：10 Hz
19	函数	限幅器	Limit 输入最大值：0 输出最大值：1

四、实验结果

1. 双击噪声图符，将噪声设置为 0，将系统取样速率设置为 1000 Hz，样点数设置为 500，运行系统，观察 2PSK 波形的幅度及码元宽度，由此计算出接收 2PSK 信号的比特能量。记录如下：

2PSK 信号幅度： $a =$ （V）

2PSK 信号的码元宽度： $T_s =$ （s）

则接收 2PSK 信号的比特能量为： $E_b =$ （J）

2. 系统取样速率设置为 1000 Hz，样点数设置为 10000000。比特能量 E_b 保持不变，改变噪声功率谱密度 n_0 的大小，使 E_b/n_0 由 1 变化到 6。将计算结果和仿真结果填入表 10-5。

表 10-5　2PSK 系统理论和仿真误码率

E_b/n_0	n_0	理论误码率 P_e	仿真误码率 P_e
1			
2			
3			
4			
5			
6